KB270256

타르틴 브레드

타르틴 브레드

글 채드 로버트슨 | 사진 에릭 울핑거
번역 오승해 | 감수 **장은철**

한스미디어

아처와 엘리자베스를 위해

감수의 글

빵은 오래전부터 서양에서는 주식, 한국에서는 간식이라는 인식이 많았습니다. 하지만 지금은 많은 이들이 건강한 빵을 즐깁니다. 멀리서부터 새로 생긴 베이커리를 찾아가 빵을 구입하면서까지 점점 더 건강한 빵을 원하는 사람들, 한국에서도 빵을 주식처럼 즐기는 사람들도 늘어나게 되었습니다. 더 이상 빵이 간식이 아닌 주식이 될 수 있는 시기가 온 만큼, 빵을 사서 먹던 시대도 변하여 사람들이 빵을 직접 만들어 먹기도 하며, 서점에도 빵과 디저트에 관한 전문 서적들이 부쩍 늘었습니다.

《타르틴 브레드》 책은 오래전부터 국내 제빵 업계에 종사하는 기술자들과 빵을 사랑하는 많은 이들에게 빵에 대한 열정과 꿈을 안겨줄 좋은 서적으로 익히 알려져있었습니다.
책에는 레시피뿐만 아니라 브레드를 만드는 채드 제빵사의 삶을 보여주는 사진들이 함께 담겨있어, 그 사진들을 보면 인간미가 넘치는 모습에 저까지 흐뭇해지곤 했습니다.

《타르틴 브레드》의 감수를 맡아 책 속에 나오는 여러 제빵 용어들을 전문가적으로 해석함과 동시에 처음 이 책을 접하는 분들께서도 이해하시기 쉽도록 최대한 노력하였습니다. 이 책의 번역 작업으로 고생해주신 오승해님과 편집자님께 진심으로 감사드리며, 감수를 마칩니다. 부디 이 책을 접하는 모든 분들께 즐거운 독서, 즐거운 제빵이 되시기를.
감사합니다.

-'라몽떼' 오너 셰프 장은철

CONTENTS

마침내, 브레드

나에게 가장 강렬한 영감을 준 것은 '진짜' 브레드가 아니라, 브레드가 식사의 근원이자 일상의 중심이었던 시공간을 담은 이미지들이었다. 여기 한 장의 그림이 있다. 강변에 놓인 커다란 식탁에 선원들이 잔뜩 앉아있는데, 앞쪽에 보이는 한 남자가 단단하고 껍질이 바삭한 빵 덩어리를 끌어안고서 반달 모양으로 자르고 있다. 이 그림은 프랑스에서 약 백 년 전에 그려졌다. 당시 노동자들이 하루에 받는 빵이 약 900그램이었고, 브레드는 매 끼니마다 식탁에 올랐다. 세대를 먹여 살린 것은 가장 기본적인 브레드였다. 이 브레드를 알려면 직접 만드는 법을 배워야 할 것 같았다. 그렇게 오랜 혼이 담긴 브레드를 찾기 위한 나의 여정이 시작되었다.

나는 지금으로부터 15년 전쯤, 3년간의 공식 견습을 마치고 이상적인 브레드에 대해 어느 정도 구체화된 비전을 가지고 첫 베이커리를 오픈했다. 각각의 브레드에는 만든 사람의 손길은 물론 저마다 다른 표정이 담겨있다. 자연 발효 특유의 단맛과 적당한 신맛이 감도는 브레드의 내상이 풍부하게 부풀어 오르는 동안, 기포가 많고 단단한 껍질은 쫀득쫀득해지며 짙은 갈색으로 구워진다. 그렇게 완성된 브레드는 사람들이 신선하게 먹을 수 있는 하나의 즐거움이자 한 주를 버티는 힘이 되어줄 것이다.

나는 미국과 프랑스에 있는 최고의 베이커 장인들과 함께 일했지만, 그 누구도 어떻게 하면 내가 마음속으로 그리는 브레드를 만들 수 있는지 가르쳐주지 않았다. 그 대신 그것을 실현시킬 수 있는 기술과 방법을 알려주었다.

첫 멘토에게서 나는 재료를 다루는 기술과 재료에 대한 철학이라는 두 가지 관점에서 베이킹을 대하는 법과, 재료들이 어떻게 상호작용하는지를 배웠다. 이를 바탕으로 내가 꿈꾸는 브레드를 나만의 방법으로 찾을 수 있겠다는 생각이 들었다. 그는 곧잘 "반죽은 반죽에 불과해."라고 말하곤 했는데, 이는 모든 빵이 밀접하게 연관되어 있다는 의미였다.

그렇게 몇 년간 베이킹을 배우고 나서, 나는 어느 누구의 감독이나 지시를 받으며 일하고 싶지는 않다는 생각을 했다. 지금 내 아내가 된 엘리자베스와 내가 주변 친구들의 도움을 받아 샌프란시스코 북부의 토말스 베이(Tomales Bay) 부근에 첫 번째 작은 베이크숍을 지었을 때 우리는 겨우 스물셋이었다. '베이크숍'이란 이름은 그곳에서 보낸 6년을 되돌아보면 당시 매우 적절한 작명이었다. 우리는 벽에 커다란 구멍을 내고, 바깥에서 베이크숍을 마주하는 위치에 나무를 때는 오븐을 만들었다. 우리가 살던 집에서 숍은 겨우 한 발짝 거리였다. 좀더 정확히 말하면 나는 아주 큰 오븐을 가진 홈베이커였던 셈이다. 나는 마음에 그리던 것들을 만들어내고자 하루에 수백 개의 브레드를 굽는 생활을 하면서, 혼자만의 다양한 도전과 시도로 가득 찬 베이킹에 심취하게 되었다.

나는 믹서기 없이 나무를 때는 오븐만 가지고 베이킹을 시작했다. 140킬로그램에 가까운 반죽을 맨손으로 다루려면 반죽이 조금 더 부드러워야만 했다. 그래서 나는 보통보다 물을 조금 더 넣기로 했다.

첫 견습 당시 진 반죽으로 작업을 했기에 내게는 매우 익숙한 일이긴 했다. 반죽을 하고, 성형하고, 부풀어 오르기를 기다리는 동안 오븐은 종일 달궈져있었다. 나는 최종 성형 이후 몇 시간이 흘러 오븐에 들어갈 준비가 된 빵들을 밤새 구웠다. 거의 잠도 못 자고 이런 식으로 몇 달을 버틴 뒤, 결국 녹초가 된 나는 방식을 바꾸었다. 그것은 저녁에 창문을 열어놓고 반죽의 온도를 조금씩 떨어뜨려 최종 발

마침내, 브레드

효 시간을 현저하게 늦추는 것이었다. 오븐에 굽는 것은 다음 날 아침에 했다.

점점 내가 바라던 대로 되고 있었지만, 긴 시간 부풀어 오르도록 한 이후 한 번씩 예상보다 훨씬 더 시큼한 브레드가 나오곤 했다. 나는 적절한 신맛과 복잡한 풍미를 갖춘 브레드를 완성할 때까지, 생이스트(wild yeast)로 만든 스타터를 덜 숙성된 것이나 더 부드러운 것으로 바꿔보기 시작했다. 그 결과 나는 제대로 된 수면 시간을 확보하고 '밤과 낮이 바뀐 박쥐 인생'에서 해방될 수 있었다. 유일한 문제는 굽는 시간이 늦어지면서 오후가 되어서야 브레드를 팔 수 있었다는 점이다. 그 대신 내가 사람들에게 줄 수 있었던 것은 저녁 식탁에 따뜻한 브레드를 올리고 아침이면 토스트를 해서 먹는 즐거움이었다.

나는 이렇게 혼자서 10년 정도를 일하고 난 후, 내 첫 견습생을 받았다. 그전까지 브레드를 만드는 시간은 나만의 고요한 명상 시간이었고 그 시간이 정말 행복했기에 내 인생의 반을 거의 브레드에 집착하며 보냈는데, 나를 그 생활에서 벗어나게 만든 뜻밖의 협상을 맺게 된 것이다.

2005년, 베이킹 경력이 전혀 없는 에릭 울핑거(Eric Wolfinger)가 타르틴 베이커리에 들어왔다. 그는 베이킹을 결심하기 전까지는 셰프가 되려고 했던 사람이다. 캘리포니아 남부에서 늘 서핑을 하며 자라온 에릭은 내가 서핑에 최적화된 삶을 살고 있다는 것을 알아챘다. 나는 정오 무렵에 하루를 시작해 이른 저녁에 일과를 마치는 생활을 하고 있었던 것이다. 에릭은 협상을 제안했다. 그가 내게 서핑을 가르쳐주는 대신, 그에게 베이킹을 가르쳐달라는 것이었다. 에릭의 끈질긴 설득에 결국 나는 서핑을 시도해보기로 했다.

첫 서핑 연습에서 그간 좋지 않았던 갈비뼈가 나아지는 것을 경험한 이후, 나의 이 새로운 집착거리에 대해 에릭이 대화 상대가 되어주었다. 내가 서핑에 대한 질문을 쏟아내면 그는 브레드에 대한 질문으로 받아치곤 했다. 길고도 험한 서핑 트레이닝 동안 우리는 종종 동시에 두 가지에 대한 대화를 나눴다. 우리는 이렇게 여러 달, 여러 해를 함께 배우면서 오전에는 서핑을, 오후에는 베이킹을 했다.

다행스럽게도 에릭은 우리의 합작을 이 책에 담으려는 나의 구상을 명민하게 이해하면서, 훌륭한 브레드를 만들 만한 실력을 갖출 때까지 내 곁에 있었다.

상당히 긴 시간이 흐르는 동안, 나는 머릿속에만 있던 것을 명확히 하고 스스로 베이킹 기술을 재정립했다. 우리의 아이디어는 에릭과 내가 매일 하는 일상적인 논의를 홈베이커들에게 소개할 만한 콘텐츠로 승화하자는 것이었다. 곧 홈베이커들을 위한 가이드북을 만드는 것이다.

전통적이고 직감적인 베이킹은 글로 쓴 레시피만으로는 다 전달되지 않는 무언가가 있다. 미생물을 공부하지 않아도 베이커들은 베이킹 과정의 미묘함을 먼저 이해한다. 발효는 그들에게 제2의 본능이나 다름없다. 발효를 그들 자신의 바이오리듬과 연관지어 이해했다는 말이다. 이는 현대의 베이커 장인들에게도 필수적이다. 모든 것은 결국 모든 과정의 시초가 되는 르뱅과 스타터로 돌아가며, 그것들이 발효에 어떻게 사용되는지에 따라 결과물이 달라진다. 베이킹에서 가장 중요한 측면은 원하는 결과물을 생각하며 발효 과정을 관리하고 조절하는 것이다.

비주얼은 이 책의 중요한 요소가 될 것이다. 나는 우리의 작업을 문서로 만드는 작업은 에릭이 해야만 한다고 생각했는데, 그의 독특한 경력과 베이킹 교대근무, 그리고 사진에 대한 열정 때문이었다. 《타르틴 브레드》의 경우 만드는 과정을 모두 사진으로 남겨야 했고, 에릭의 수고는 해를 넘겨서까지 이어졌다.

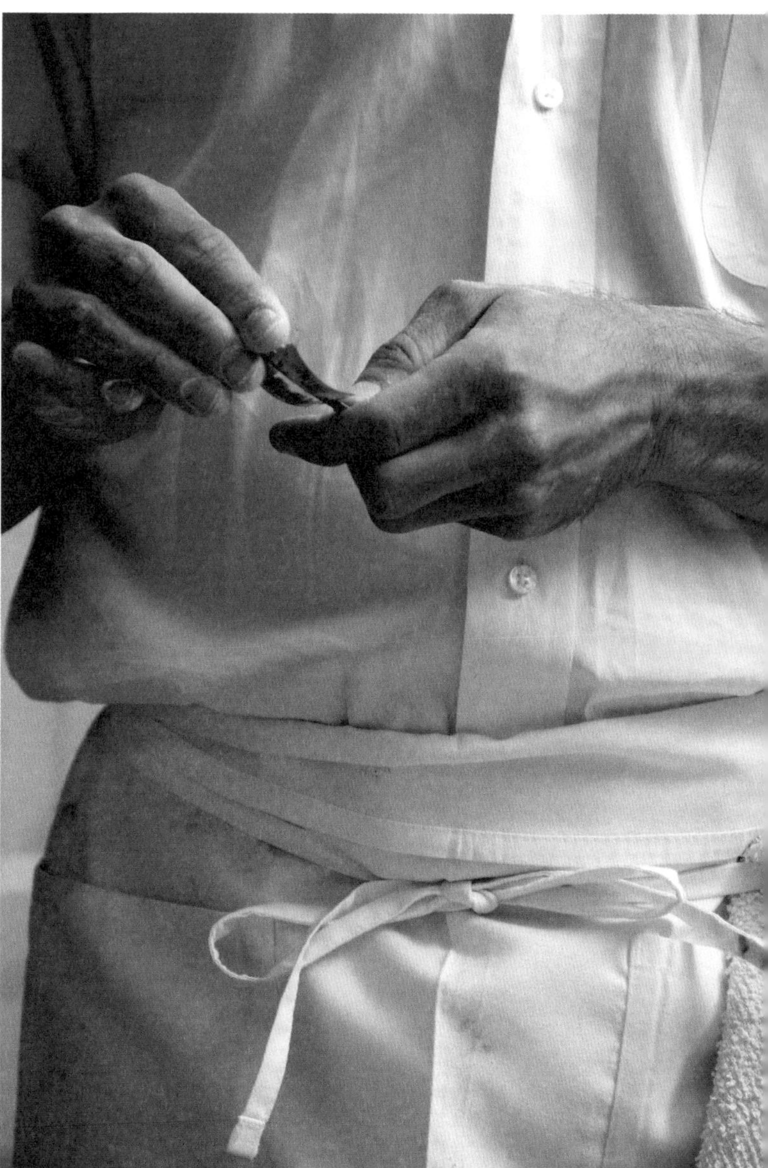

기본 브레드를 만드는 방법을 묘사하기 시작했을 때, 나는 내 방법으로 집에서 쉽게 만들 수 있게 하려면 조금 더 풀어서 설명하는 작업이 필요하다는 사실을 깨달았다. 수년간 쉬는 날이면 집에서 베이킹을 해온 에릭은 주철로 만든 콤보 쿠커를 베이킹 용기로 이용했는데, 그 결과는 놀라울 정도로 훌륭한 것이었다. 그는 소수의 베이킹 체험단을 모집해 블로그를 만들고 그들에게 콤보 쿠커를 보내서 솔직한 후기를 받자고 제의했다. 그들이 집에서 만든 브레드의 사진도 공유하고, 그들의 질문에 대답해주며 궁금해하는 부분들을 짚고 넘어가자고도 했다.

처음에는 에릭과 내가 어떤 레시피를 하나씩 완성하면 블로그에 올려 체험단이 테스트해보게 할 생각이었는데, 이 무렵 기대했던 건 유용한 진행 과정을 체크하는 정도였다. 하지만 막상 시작한 첫 주에 우리는 두 가지를 발견했다. 하나는 우리가 일하는 낮 시간에 블로그를 운영할 시간이 충분하지 않다는 것이었고, 다른 하나는 체험단 상당수의 첫 시도가 매우 성공적이었다는 것이다. 그들의 브레드는 에릭과 내가 베이커리에서 구운 것과 다를 바 없어 보였다. 둘 다 우리가 전혀 예상하지 못한 결과였는데, 두 번째의 경우는 일종의 계시가 되었다. 실제로 1장에 쓰인 샘플 브레드 사진은 체험단에 속한 베이커가 만든 것이다.

우리는 그들 중 몇 명과 지속적으로 연락을 주고받았고, 그들은 규칙적으로 베이킹을 이어나갔다. 그들이 자신의 일상에 맞춰 베이킹 시간과 온도를 조절하며 그들만의 베이킹을 하다가 우리에게 질문을 하면, 우리가 대답해주는 식이었다. 누구는 오리지널에 가까운 브레드를 만들고, 또 다른 누구는 그들의 필요와 생각에 맞춰 완전히 색다르면서도 맛있는 브레드를 만들어냈다.

이는 우리가 바라던 목표와 정확히 일치한 결과였다. 나는 그들 중 몇몇을 이 책에 소개하기로 했다. 또한 우리 체험단의 현실적인 경험과 관련지어, 그들이 어떻게 우리의 레시피를 가지고 완전히 다른 브레드를 만들 수 있었는지 논의하고 있다.

《타르틴 브레드》에서 우리는 하나의 기본 레시피를 소개하여 이 책 전체의 기반으로 삼고자 했다. 여러분이 브레드가 어떻게 '작용하는지' 이해하게 되면, 기술과 시간을 조절해 폭넓은 결과물을 만들어낼 수 있을 것이다. 언제나 변하지 않는 것 한 가지는 만족스러운 깊이의 풍미, 식감 좋은 껍질, 그리고 촉촉하면서도 탄력 있는 내상의 브레드를 만들겠다는 목표이다.

우리는 이 책에서 르뱅을 만드는 방법을 먼저 보여준 다음, 타르틴의 '베이직 컨트리 브레드1'를 집에서 만드는 법을 소개하는 것으로 시작한다. 내게 베이킹은 언제나 시각적 학습이었던 만큼, 시작하는 과정을 꼭 사진으로 설명하고 싶었다. 나는 자크 페핀(Jacques Pepin)의 저서인 《테크닉(La Technique)》과 《방법(La Methode)》에서 깊은 인상을 받았는데, 손기술을 배우는 일은 이해하는 일이자 보고 따라 하는 일이고, 지적인 일이자 시각적인 일이다. 견습생이었을 때 나는 베이커들이 빵을 만들고 치우는 모습을 지켜보았다. 그리고 결국 반죽을 시작했다. 이제 여러분도 이 두 가지 일을 하게 될 것이다.

우리는 생이스트 스타터로 베이킹을 시작하는 것을 두려워하는 이들을 응원하기 위해 이스트로 만드는 브레드 레시피를 먼저 소개하는 방안을 검토했다. 길고 느린 숙성을 거친다면 괜찮은 스타터를 얻을

---

1 흔히 시골빵이라고 부르는 이 빵은 밀가루, 물, 소금, 르뱅이 주재료가 되는 거친 느낌의 빵으로 하얀 밀가루가 귀하던 시절에 농부들이 호밀 또는 통밀가루를 섞어 만들어 먹었던 빵이다.

수 있고, 그 이후 차차 난이도를 높여 천연 르뱅을 만드는 과정으로 이끌 수 있겠다고 생각했던 것이다. 곧 우리는 발효가 충분히 잘 된 이스트 브레드와 천연 르뱅을 이용해 만든 브레드 사이에 만드는 시간 차이는 거의 없다는 점을 알아냈다. 그러나 질에서는 상당한 차이를 보였다. 이스트로 만든 브레드는 에릭과 내가 사랑하는 본래의 풍미와 향을 가진 오리지널 브레드에 비해 모든 면에서 부족했다. 쉽게 말해 이스트로 만든 빵은 맛이 없었고 보존력도 떨어졌다.

《타르틴 브레드》에 나오는 모든 브레드는 천연 르뱅을 이용하고 있으며, 이는 사람들이 흔히 '사워도우(sourdough)'라고 부르는 것이다. 나는 신맛이 거의 없는 '어린(덜 숙성된)' 르뱅을 추천한다. 이 같은 르뱅으로 만든 브레드는 달콤한 향기가 나고, 더 시큼한 사워도우보다 이스트로 만든 브레드 같은 느낌이 난다. 물, 밀가루, 소금 이외에는 아무것도 넣지 않고 빵을 만들 때, 장차 베이커가 되려는 이들이라면 발효 과정을 조절하는 방법을 배우는 것에 면밀한 주의를 기울여야 한다. 이는 지금까지의 선례들을 보며 당부하는 것이다.

1930년대까지, 프렌치 베이커들은 천연 르뱅을 이용해서 브레드와 크루아상, 브리오슈를 만들었다. 그러다 이스트가 시중에 널리 판매되면서 천연 르뱅을 만들고 활용하는 기술적 연습들이 점점 줄어들었다. 편리함이 우선순위가 되고 풍미는 뒷전으로 밀려났다. 이러한 흐름 가운데 우리는 전통적 베이킹의 핵심을 상당 부분 잃었다. 천연 르뱅을 절묘하게 이용해 만든 브리오슈와 상업용 이스트로 만든 브리오슈를 비교해보라. 엄청난 풍미와 질적으로 다른 브레드를 만들어주는 천연 르뱅을 이용하려면 많은 시간과 인내가 필요하지만, 결과물은 언제나 모든 것을 정당화한다. 일단 발효가 왕성해지기 시작하면, 원하는 맛과 일정에 맞춰 르뱅을 어떤 방법으로든 이용하면 된다.

기본 레시피 다음에 나오는, 오리지널 반죽으로 만드는 일련의 브레드는 앞에 나온 레시피에서 배운 것을 토대로 한다. 모든 브레드 레시피는 밀가루 1킬로그램을 기본으로 하므로, 실제 베이킹을 하면서 레시피 비율이나 효과의 차이를 비교해볼 수 있다. 우리는 기본을 바탕으로 조금씩 재료를 바꾸고 비율을 조절하면서 '타르틴'의 베이직 브레드가 어떻게 피자 반죽이 되고 바게트가 되며 브리오슈와 크루아상, 잉글리시 머핀이 되는지 보여줄 예정이다. 이는 기본 레시피의 활용 범위가 얼마나 넓은지를 보여주는 것이다. 여러분이 원하는 브레드가 얇고 바삭바삭한 플랫 브레드이거나 클래식한 바게트이거나 간에 기본 레시피는 나침반과 같은 역할을 해줄 것이다. 한마디로 이 책은 여러분이 가고 싶은 곳으로 데려다주는 베이킹 가이드북인 것이다.

'타르틴 브레드'는 실질적으로 1992년에 시작되었는데, 당시 나는 뉴욕에 있는 요리 학교 CIA(Culinary Institute of America) 졸업을 몇 달 앞두고 매사추세츠 서부, 버크셔 산맥에 있는 베이커리를 방문했다. 그리고 클래스메이트였던 엘리자베스 프루이트(Elizabeth Prueitt)에게 장차 베이커가 되고 싶다는 마음을 털어놓았다.

리즈(엘리자베스의 애칭)와 나는 베이커들이 열심히 일하고 있는 어느 날 아침 늦게 도착했다. 마지막 브레드들이 오븐에서 나와 배달 트럭에 가득 쌓여가면서, 벽돌로 지은 거대한 차고 안에서는 사티(Satie)의 음악을 현대적으로 해석한 듯한 곡조가 메아리치고 있었다. 이제 마지막 근무조의 베이커가 동네를 돌면서 주문받은 브레드들을 모두 배달할 참이었다.

이곳은 내가 전에 일했던 모든 것이 정신없이 돌아가는 주방보다 나에게 더 잘 맞아 보였다. 사람들의 정직한 손기술과 여유로운 분위기는, 텍사스 서부의 웨스턴 부츠와 안장을 만드는 집안에서 자라온 내 마음에 크게 와 닿았다.

CIA 클래스메이트들이 맨해튼의 유명 셰프들 밑에서 일자리를 찾는 동안, 나는 리처드 버든(Richard Bourdon)의 견습생이 되기로 결심했다. 그는 클래식 음악 교육을 받은 공연 음악가에서 베이커로 전향한 사람으로, 1970년대 말에 베이킹을 하기 위해 프렌치호른 연주를 그만두었다. 그러고는 가족과 함께 짐을 꾸려 (거의 도보로) 프랑스 알프스 지역의 베이커리들 투어를 다녔다. 1992년에 내가 리처드를 만났을 때 그는 미국에서 산업혁명 이전의 프렌치 베이킹 기술을 다시 활성화하려는 선구적인 베이커들 중 하나로 이미 유명했다. 그가 하는 프렌치 베이킹은 생이스트로 만든 르뱅을 이용해 과할 정도의 진 반죽을 서서히 부풀려 브레드를 만드는 것이었다. 리처드의 브레드는 준비 과정이 상당히 까다롭기로 소문이 나있었지만, 이스트 코스트 지역의 떠오르는 장인들 사이에서는 추종자들도 생겨났다.

그 상냥한 베이커는 견습생으로 받아달라는 내 부탁을 바로 수락해주었고, 리즈와 내게 그와 그의 아내, 그들의 다섯 자녀가 함께 살았던 시골집의 방과 식사까지 제공해주었다. 리즈는 근처 레스토랑에서 페이스트리 셰프로 일을 시작했고, 나는 몇 주 동안 12시간 교대로 베이킹을 했다. 그러니까 저녁 무렵에 일터를 떠나면 다음 날 해가 뜨기도 전에 나와야 했다. 길고도 더웠던 여름, 버든과 나는 그렇게 둘이서 일했다. 우리는 배달 노선에 맞춰 재료를 반죽하고 성형하며 하루에 3000개의 브레드를 오븐에 넣고 구워냈다. 나는 그때 내가 이 일을 평생 하게 될 것이란 사실을 깨달았다.

리처드의 목표는 '좋은 음식'을 만드는 것이었다. 그는 건강한 브레드를 만들고자 했는데, 그에게 건강한 브레드란 충분한 물에 밀가루를 섞어서 소화가 잘 되도록 완전히 익히면서도 촉촉한 브레드를 뜻했다. "쌀 한 컵에 물 반 컵을 섞어 만들어봐." 그의 요점은 늘 이렇게 정리되곤 했다. 리처드는 생이스트로 만든 천연 르뱅을 이용해 반죽을 오래 발효시키길 강조했는데, 그렇게 해야만 통곡물에 있는 영양분이 반죽에 잘 스며들어 소화가 잘 되는 브레드가 만들어진다고 믿었기 때문이다. 리처드의 브레드가 유난히 촉촉하고 부드러우며 깊은 맛이 나는 것은 천연 르뱅으로 오랜 시간 느린 숙성을 거친 덕분이었다. 그의 브레드는 정말 좋은 음식이었지만, 내가 찾던 브레드는 아니었다. 2년이 지난 뒤, 그는 나에게 다른 곳으로 옮겨 더 많은 것을 배우도록 격려해주었다.

리즈와 나는 캘리포니아 북부에서 짧은 휴식을 취한 다음, 리처드가 자주 언급했던 베이커를 찾아 프랑스 알프스로 향했다. 우리는 내 멘토의 멘토를 만나러 가는 길이었다. 그동안 리처드에게서 들은 이야기들 덕에 내 머릿속은 이미, 나무를 때는 거대한 오븐과 작업대에 내려놓기 전에 공중에서 성형해야만 할 정도의 진 반죽에 대한 이미지로 가득 차있었다. 문득 마법사의 제자 같은 이미지도 떠올랐다. 실제로, 머지않아 내 손에 빗자루가 들리긴 할 것이었다. 그리고 아마 매 시간마다 그 빗자루로 베이크숍을 청소하고 있을 터였다.

우리는 리처드처럼 도시 외곽 숲에서 캠핑을 하지는 않았지만 프로방스에서 다니엘 콜린(Daniel Colin)과, 사부아의 부르주 알프스 지역에서 패트릭 르포트(Patrick LePort)와 일하는 동안 프랑스의 전원 생활에 푹 빠져들었다.

프로방스 기차역에 도착해서 만난 다니엘은 우리가 오래된 와인 농장을 소유하고 있는 친구와 함께 머무를 수 있게 해주었다. 넓은 면적에 잔뜩 뒤틀린 포도나무들이 가득한 와인 농장은 군데군데 황폐해져있었다. 리즈와 나는 매일 아침 자전거를 타고 농장을 가로지르며 목동을 지나 베이커리로 갔다. 리즈는 파티시에와 함께 페이스트리를 만들고, 나는 블랑제와 같이 일했다. 다니엘은 내게 미국 재즈 역사를 알려주는 것을 몹시 좋아했는데, 그의 마일즈(Miles), 몽크(Monk), 밍거스(Mingus), 콜트레인(Coltrane), 그리고 빌 에반스(Bill Evans) 같은 재즈 마스터들의 레코드판 콜렉션은 그야말로 완벽했다. 우리는 커다란 빵과 여러 통의 파테(paté)[2], 그 지역 특산품으로 물보다 저렴했던 로제 와인을 먹으며 지냈다. 특별한 시간이었다.

처음 몇 주 동안 '미국에서 온 이방인'인 나는 다니엘의 숍을 청소하고 뜨거운 물에 인스턴트커피를 타는 일 정도만 했다. 그러나 얼마 지나지 않아 나의 반죽 성형 기술을 인정받게 되었다. 나는 리처드와 함께했던 힘든 시간들을 통해 내가 얼마나 많은 것을 배웠는지 새삼 깨달았다. 다니엘은 축축 늘어지는 반죽을 솜씨 좋게 다루는 나를 보며 많이 놀란 듯했다. 전통적인 홈베이킹에서는 큰 기술을 요하지 않지만, 대량으로 만드는 베이커리에서 진 반죽을 다루는 것은 매우 어렵기 때문이다. 프렌치 베이커리의 영업일 가운데 직원들의 휴가 일정을 조율하고 인력 배치를 고민하는 문제에서 내가 대체 근무가 가능한 뜻밖의 구세주가 되면서, 나는 빠르게 동료들과 친구가 되어갔다. 우리는 반년 동안 다니엘의 블랑제리 아티장에 있었다.

우리가 알프스로 떠날 준비를 마치자, 다니엘이 자신의 차로 데려다주겠다는 제안을 했다. 그는 보르도로 우회해서 가는 길에 자신의 아버지를 뵙고 싶다는 뜻을 비쳤는데, 우리에게 시간은 충분했다. 우리가 떠나는 날, 그는 아버지를 위한 특별한 브레드를 만들었다. 보통보다 수분이 더 많이 들어간 진 반죽에 1차 발효 시간을 매우 오래 두고 아주 높은 온도에서 진한 색이 나올 때까지 구운 것이었다. 내상에는 진주 빛 커다란 구멍들이 송송 나고, 빵이 식으면서 껍질이 갈라졌다. 베이킹이 마무리되자 브레드는 마치 살아있는 것처럼 보였다. 아버지에게 드릴 브레드를 담으며 다니엘이 말했다. "나는 항상 이런 식으로 나만의 브레드를 만들었지. 그렇지만 손님들은 이런 것을 원하지 않아." 그것은 엄청난 연구

---

2 고기나 생선을 잘게 으깨어 만든 요리

끝에 만들어진 급진적인 브레드였다. 나는 오랜 혼이 담긴 브레드에 점점 가까워지고 있었다.

다니엘이 그의 아버지를 위해 만들었던 브레드들은 내 마음속에 강렬하게 자리 잡았다. 나는 어디에서도 그런 빵을 본 적이 없었다. 브레드를 가득 실은 그의 푸조 터보 왜건이 속도를 내며 프랑스를 가로질러 서쪽으로 달리는 동안, 그는 자신이 만든 브레드와 같은 브레드를 만들었던 작은 해안가 마을의 한 베이커에 대해 이야기해주었다.

메도크에 있는 그의 베이커리는 원룸 숍으로 한쪽 벽에 브레드를 올려놓는 널빤지 선반과 나무를 때는 오븐이 있다고 했다. 문밖에는 종이 하나 있는데, 오후에 이 종이 울리면 곧 오븐에서 저녁 식탁에 올릴 따끈따끈한 브레드가 나온다는 뜻이었다. 이것은 내가 지금껏 알고 있었던 베이킹 일정에 대한 상식을 뒤집어놓았다. 저녁을 위한 신선한 브레드는 내 이상에 완벽하게 들어맞았고, 아침에 신선한 빵을 내놓아도 사람들은 그것을 썰어 토스트기에 넣을 텐데 왜 빵을 아침에 내놓기 위해 밤새 일해야 하는지에 대한 의문을 단번에 해결해주었다. 그 베이커의 이름은 끝내 알 수 없었지만, 그에 대해 말할 때마다 나는 언제나 그를 '경이로운 베이커'라 부른다.

사부아로 가는 길에 다니엘은 부아쟁(Voisin)이란 인물도 이야기해주며 만나보게 했는데, 그는 다니엘과 패트릭에게 나무를 때는 스택트덱 오븐을 디자인하고 만들어주었으며, '경이로운 베이커'의 오래된 오븐도 고쳐주었다고 했다. 딱히 말은 잘 안 되는 상황이었지만, 그는 아침식사로 자신이 직접 만든 푸아그라와 소테른 지방의 백포도주를 즐기고 있던 중에 우리를 기꺼이 맞아주었다. 우리는 나무 보트가 있고 산딸기가 가득한 야외에서 함께 식사를 하며 프랑스의 오븐 제조 역사에 대한 이야기를 나누었다.

다니엘은 우리를 패트릭 르포트의 베이커리인 블랑제리 사부야드(Boulangerie Savoyarde)에 데려다주었고, 리즈와 나는 마치 여행에서 돌아온 가족이라도 되는 것처럼 다정한 환대를 받았다. 우리는 알프스의 뮤즐리(müesli)[3]와 토속 스펠트(spelt)로 만든 브레드를 먹으며 지냈고, 쉬는 날 밤이면 한 번씩 라클렛(raclette)[4]을 먹었다. 리즈와 나는 그곳의 일과 음식, 오후의 하이킹을 몹시 사랑했다. 우리의 하이킹은 주로 몇몇 베이커들이 젖소와 염소를 키우며 전통적인 방법으로 계절마다 그 지역에서만 맛볼 수 있는 치즈를 얻는 알프스 고지대의 목장을 다녀오는 것이었다. 동료 베이커들과 점점 친해지면서 우리는 서서히 마음을 붙였다.

그러나 막상 우리가 그곳에 정착할 생각을 나누자, 프랑스 동료들은 반대의 뜻을 이야기했다. 그들은 젊은 베이커인 내가 베이킹을 위해 해온 수고와 희생에 대해 알고 있었고, 그렇기에 더더욱 미국으로 돌아가 나만의 브레드를 만들라고 조언했다. 프랑스에서 내가 배우며 보낸 시간은 버튼이 가르쳐준 전통의 역사적인 흐름 속으로 나를 이끄는 중요하고도 큰 교훈이 되어있었다.

당시 프랑스에서는 베이커 견습생이 자신의 베이커리를 열려면 최소 20년이 걸렸다. 젊은 베이커가 독립하는 것은 세대를 잇는 전통을 거스르는 일이었다. 프랑스 베이커들은 사람들이 원하는 유형의 브레드를 만들어야만 하는 전통을 강요받았다. 커다란 구멍이 송송 난 채 진하게 구워낸 커다란 브레드는 이때의 기준으로 보면 '좋은 브레드'가 아니었다. 비록 그 기준 역시 시간이 가면서 변하겠지만 말이다.

---

3 귀리와 기타 곡류, 말린 과일, 견과류 등을 혼합해 만든 유럽의 식사용 시리얼
4 삶은 감자에 녹인 치즈로 맛을 내는 스위스식 요리

나는 친구들의 조언을 진심으로 받아들였고, 1994년에 마지못해서나마 캘리포니아 북부로 돌아왔다. 먹고살기 위해 돈을 빌리며 우리는 당장이라도 프랑스로 돌아가고 싶은 심각한 문화충격을 겪고 있었다. 그러나 그것은 그리 오래가지 않았고, 우리에게는 해야 할 일이 있었다.

리즈와 나는 샌프란시스코 북부, 토말스 베이 너머 언덕에 있는 오븐 제작자 앨런 스콧(Alan Scott)을 알고 있었다. 그는 뒤편에 나무를 때는 오븐이 있는 넓은 농장이 딸린 시골집에 살고 있었다. 수십 년 동안 오븐을 제작해온 그는 심플하고 우아한 디자인에 효율적이고 깔끔하게 타오르는 벽돌 오븐으로 유명했다.

볼리나스와 토말스 베이의 해변을 따라 있는 마린 카운티 서부는 유서 깊은 목장 지역과 유기농 및 소규모 바이오다이내믹 농경지, 포도밭으로 가득한 곳이다. 이곳에는 우리가 그리워하던 프랑스의 시골 마을에 지지 않을 충분한 매력과 생기 넘치는 음식 문화가 있었다.

나는 앨런에게 연락했고, 그는 자신의 집과 소유지 일들을 도와주는 조건으로 우리에게 방과 식사를 제공해주기로 했다. 나는 앨런의 오븐을 간절히 써보고 싶었던 만큼, 일주일에 몇 번씩 그의 오븐으로 베이킹을 했다. 앨런은 자신의 오븐이 유용하게 쓰인다는 사실에

뿌듯해했다. 그는 밀가루를 직접 빻고, 그 신선한 밀가루를 이용한 천연 르뱅으로 종종 훌륭한 데셈 브레드(Desem bread)[5] 반죽을 만들어 뜨거운 오븐에서 구워냈다. 점심 식탁에 올라온 앨런의 데셈 브레드는 그가 얼마나 정성 들여 곡물을 빻고 천연 르뱅을 만드느라 분주했는지 고스란히 전해주었다.

오븐의 남은 열기도 허투루 쓰지 않았던 앨런은 쓰고 난 오븐이 식어가는 낮 동안에는 콩을 조리하거나 채소와 각종 허브들을 말리고 통곡물 뮤즐리와 그래놀라를 잔뜩 굽는 데 오븐을 활용했다.

리즈와 나는 그에게 마을 근처에 우리의 작은 베이커리를 여는 것에 대한 조언을 구했다. 그 즉시 앨런은 우리에게 오븐을 제작해주고 돈을 빌려주겠으니 당장 실행에 옮겨보지 않겠느냐고 했다. 그는 너그러운 마음과 우리를 향한 신뢰로 조금도 주저하지 않았다.

우리는 마셜에 있는 그의 목장을 떠나 포인트 레예스로 이사했다. '카우걸 크리머리[6]'에서 길을 건너면 보이는 라우트 1의 메인스트리트에 있는 집으로, 당시 카우걸 크리머리는 아직 공사 중이었다. 앨런의 감독 아래 우리는 친구들과 이웃의 도움을 받아 우리 집 바로 옆에 나무를 때는 벽돌 오븐을 지었다. 우리는 곧 신선한 브레드를 가지고 자연산 연어, 전복, 굴, 오리, 달걀, 신선한 과일, 정원 채소들을 구했다. 리즈는 오븐이 달구어지기 전이나 적당히 식었을 때를 이용해 페이스트리를 만들었고, 나는 버크셔

---

5 천연 르뱅으로 만드는 빵의 일종으로 특히 영양이 풍부한 통밀, 스펠트 등을 이용한 사워도우 브레드이다.
6 1994년에 설립된 캘리포니아의 인기 치즈 공장으로, 아티장 치즈를 만들어내는 곳으로 매우 유명하다. 포인트 레예스 기차역에 위치해있다.

마침내, 브레드

와 프랑스에서 견습생으로 일하며 배웠던 전통적인 베이킹을 활용하면서 브레드에만 집중했다.

프랑스에 있을 때 나는 크림 같고 달콤한 풍미의 브레드에 푹 빠져있었다. 그것은 일반적으로 '사워도우' 하면 떠올리는 개념과는 상반되는, 생이스트로 만든 르뱅을 이용한 브레드였다. 나는 시큼하지 않으면서, 짙은 갈색 빛이 도는 껍질이 입 안에서 부서지며 진주 빛깔의 부드러운 내상이 씹히는 브레드를 원했다. 베이커의 서명과도 같은 '스코어7'는 반죽이 오븐에서 부풀어 오를 때 넓고 길게 갈라져 껍질의 가장자리까지 잘 익도록 해주면 좋겠다. 그리고 오븐이라는 용광로 안에서 만들어지는 투박한 모양은 베이킹의 마지막 방점이다. 나는 이렇게 만든 브레드라면 오븐에서 꺼내 시장에 내놓는 순간까지 온기를 품고 있으리라 확신한다.

나는 내가 배운 대로 만들어보는 데에서 시작했지만, 환경 자체가 다른 만큼 조정이 필요했다. 나에게는 믹서기가 없었는데, 매일 몇십 킬로그램의 반죽을 혼자서, 그것도 손으로 반죽하기란 불가능했다. 그러나 진 반죽이라면 상대적으로 손으로 다루기가 쉬웠다. 나는 19세기 프랑스 여인들의 지혜를 따라, 여물통이나 구유에 반죽을 넣고 손으로 반죽해온 수 세기에 걸친 전통대로 반죽을 커다란 양동이에 넣고 일정한 간격으로 부드럽게 반죽했다. 나머지는 시간과 발효 작용이 알아서 진행하도록 두었다.

포인트 레예스에서의 처음 몇 년간, 우리의 작은 베이커리는 밀가루, 물, 프랑스 남서부 게랑드 지역의 굵은 회색 소금이라는 세 가지 재료와 가능성의 세계를 끊임없이 실험하는 공간이었다. 그곳에서 나는 내가 배운 것을 바탕으로 시행착오들을 거치며 많은 것을 발견했다. 결과물들은 항상 챙겨 다니는 노트에 모두 기록했고, 브레드의 껍질이나 내상이 원하던 대로 잘 나온 날은 사진도 찍어서 남겨두었다. 포인트 레예스에서 그렇게 몇 년을 보낸 뒤, 드디어 나는 내가 원하는 브레드를 만들어냈다.

우리의 컨트리 브레드는 이미 많은 베이커 장인들로 가득한 시장에서도 특별한 존재였고, 사람들은 그것을 금방 알아챘다. 우리의 실험실은 어느새 아틀리에가 되었고, 일주일에 3일씩 하던 베이킹은 5일로 늘어났다. 그래야만 판매량을 맞출 수 있었기 때문이다. 나는 포인트 레예스에 있는 고객들의 집을 직접 다니며 브레드를 배달했고, 리즈는 우리의 53년형 쉐비 왜건에 따뜻한 빵과 그녀의 페이스트리를 가득 싣고서 한 시간 전부터 브레드를 사려는 사람들이 줄 서있는 버클리 파머스 마켓으로 나가곤 했다.

도시 외곽에서 6년의 세월을 보낸 후, 리즈와 나는 우리의 이 작은 사업을 밀 밸리로 잠시 옮겼다가 샌프란시스코로 이동했다. 그리고 문을 닫은 코너 케이크 베이커리를 임대해 2002년 초, '타르틴'이라는 이름의 숍을 오픈했다.

---

7 반죽을 오븐에 넣기 전 베이커들이 면도칼이나 나이프를 이용해 브레드 위에 긋는 자신만의 칼집

마침내, 브레드

도시에 있는 컨트리 브레드 Country Bread in the city

2002년부터 지금까지, 타르틴을 비롯해 미션 지역에 있는 레스토랑과 숍들은 생활의 중심이 되고 있다. 우리는 '실시간 베이킹'의 전통을 유지하고 있다. 타르틴의 베이커들은 베이커리 문을 열기 직전에 막 시동을 건 오븐에서 뜨거운 크루아상과 키슈[8]를 정오가 되기 전까지 몇 번씩 꺼낸다. 오후 2시까지는 아침에 나갈 제품들이 데크 오븐을 차지하고, 브레드는 오후에 굽는다. 그날의 첫 브레드는 오후 5시 전에 다 나와서, 사람들의 저녁 식사용으로 판매된다. 생산 규모는 포인트 레예스에서의 첫 베이커리 때부터 지금까지 소량 생산을 고수하고 있다.

한편 새롭고 도시적인 환경에 맞추기 위해서는 나무를 때는 우리의 벽돌 오븐을 가스 화력의 거대한 데크 오븐으로 바꿀 필요가 있었다. 가스 오븐은 결코 나무를 때는 오븐만큼 과정이 만족스럽지 않지만, 나무를 태우면서 나오는 연기를 볼 때마다 마음에 부담이 되는 것은 어쩔 수 없었다. 대체할 연료가 있는데 좋은 목재를 오븐에 넣어 태우는 것은 너무도 아까운 일이다. 요즘 프랑스와 서유럽에서는 나무

---

8 파이의 일종으로 달콤한 재료가 아닌 고기나 시금치, 옥수수 같은 재료를 넣고 우유와 달걀로 필링을 채워 굽는 음식.

를 때는 오븐에 톱밥을 압축시켜 만든 통나무 혹온 공사 현장이나 목공예에서 쓰고 남은 목재를 넣고 있다.

나무를 때는 오븐에서 나오는 독특한 풍미는 이제 상상에서나 느낄 수 있다. 나무를 태우면 오븐 내부의 벽은 그을음으로 검게 변하는데, 내부 온도가 섭씨 315도 이상이 되면 그을음은 스스로 타서 없어진다. 뜨거운 열에 오븐이 알아서 깨끗해지기 때문에, 베이커는 오븐에 브레드를 넣기 전에 오븐 바닥을 한 번 쓸고 닦아주기만 하면 된다. 몇 년 전 내가 베이킹을 시작했을 무렵 캘리포니아 북부의 많은 베이커들은 오븐에 유칼립투스를 넣어 불을 때었다. 저렴한 대신 유난히 지저분하게 타는 연료였지만, 오븐은 늘 깨끗하게 유지되었다. 감사하게도 그렇게 구운 브레드에 유칼립투스의 향은 전혀 배지 않았다.

내가 포인트 레예스에서 만든 브레드의 맛을 알던 몇몇 사람들은 나무를 때는 오븐에서 가스 데크 오븐으로 바꾸는 것에 부정적이었다. 그들은 우리 브레드만의 특별함이 사라질 것을 염려했다. 그러나 나는 개의치 않았다. 좋은 브레드를 만드는 열쇠는 오븐이 아니다. 열기를 내거나 저장할 수만 있다면 어떤 오븐이든 상관없다는 의미이다. 껍질의 궁극적인 특징은 대체로 브레드가 오븐에 들어가기 전에 이미 결정된다.

좋은 브레드를 만드는 것은 무슨 오븐을 사용하느냐가 아니라, 발효 과정을 조율하고 관리하는 베이커의 기술에 달려있다. 그렇기에 《타르틴 브레드》라는 이 책도 나올 수 있었다. 만약 아무리 해도 사진과 같은 결과물을 얻을 수 없는 것이었다면, 홈베이커를 염두에 둔 이런 책은 시도조차 하지 않았을 것이다. 홈베이커들도 할 수 있다. 그리고 해낼 것이다.

항상 말하지만, 모든 것은 베이커의 손에 달려있다.

마침내, 브레드

마침내, 브레드

CHAPTER 1

베이직 컨트리 브레드

Basic Country Bread

여기 나와있는 것은 내가 포인트 레예스에서부터 지금까지 계속해서 만들고 있는 가장 기본적인 브레드 레시피이다. 이 책에 소개된 다른 브레드 레시피들의 기본기이기도 하다. 여행으로 멀리 떠나있을 때면 나는 언제나 이 브레드가 몹시 그리워진다.

과정은 간단하고, 중요 단계마다 과정 사진을 곁들였다. 우리의 베이킹 체험단 덕분에 확신하는데, 누구라도 이 책을 집어 든 다음 이 장에 있는 레시피들을 이용해 훌륭한 브레드를 만들 수 있다.

이 기본 레시피는 여러분이 레시피를 응용해 여러분의 구체적인 상황에 필요한 베이킹을 할 수 있도

록, 실전 지식에 초점을 맞추면서 주요 과정마다 심도 있는 설명을 붙여두었다. 나는 여러분이 실제 베이킹을 하기 전에 먼저 '베이직 컨트리 브레드'와 '심화 학습: 기본 로프' 부분을 다시금 읽어보기를 추천한다. 물론 베이킹을 제대로 이해하려면 베이킹을 직접 해보는 시간과 경험이 꼭 필요하다는 사실을 명심해야 한다.

여기에서는 베이킹 체험단에 대해서도 소개하고 있다. 그들이 만든 훌륭한 빵들은 내가 늘 만들어 먹는 빵들만큼 정말 맛있다. 나는 내게 그랬던 것처럼, 그들의 베이킹이 여러분에게도 영감을 줄 것이라 믿는다.

베이직 컨트리 브레드와 이 책의 다른 브레드들을 만들려면 다음과 같은 주방 도구들이 필요할 것이다. 계량을 위한 디지털 저울, 밀가루를 담을 작은 계량컵, 온도계, 반죽할 때 쓸 넓은 볼, 고무 스패출러[1], 반

---

1 나무 주걱과 같은 모양으로 기다란 손잡이가 달린 실리콘 재질의 베이킹 도구

죽용 스패츌러[2], 벤치 나이프[3] 등이다. 타르틴 베이커리에서는 재료들을 섞기 위해 크고 넓은 금속 볼을 이용한다. 그리고 베이직 컨트리 브레드와 다른 브레드들을 구우려면 더치 오븐 콤보 쿠커가 필요하게 될 것이다. 그 밖에 특별히 필요한 도구들은 해당 레시피에 따로 설명을 해놓았다.

2 플라스틱으로 만든 사각형의 유연한 스패츌러를 말하며, 브레드 반죽에서 반드시 필요한 도구이다. 스크래퍼로도 쓰인다.
3 참고로 작업대를 '벤치'라고 부르며, 벤치 나이프는 칼처럼 아주 예리하지는 않지만 반죽을 매끄럽게 자르기 위한 도구이다.

베이직 컨트리 브레드BASIC COUNTRY BREAD

천연 르뱅으로 브레드를 만드는 과정은 세 가지 기본 단계로 이루어진다. 첫 단계는 잘 발효되는 스타터를 만드는 것이다. 다음으로는 반죽을 숙성시킬 르뱅을 만들면서, 일관된 환경을 유지해 스타터에 있는 생이스트와 박테리아를 관리하는 것이다. 마지막으로 반죽을 성형하고 이를 하나의 완성된 빵으로 오븐에서 구워내는 것이다. 이 베이직 컨트리 브레드 레시피로는 로프 2개를 만들 수 있다.

스타터 만들기Making a Starter

배양액을 만드는 것이 모든 것의 시작이다. 밀가루와 물에 생이스트가 들어간 다음 밀가루 안팎의 공기와 베이커의 손에 있는 박테리아가 섞여 발효되기 시작하면 배양액이 만들어진다. 발효가 시작된 이후, 베이커는 배양액에 영양분을 규칙적으로 주어 생생하면서 잘 다룰 수 있는 스타터로 길들인다.

1) 브레드용 하얀 밀가루와 통밀가루를 절반씩 총 2.3kg 정도를 섞는다. 이것은 배양액에 영양분으로 주고 스타터를 숙성시키는 데 이용할 것이다. 다목적용 밀가루를 써도 된다. 작고 투명한 그릇에 미지근한 물을 반 정도 채운다. 이 물에 반씩 섞은 밀가루 한 움큼을 넣고 손으로 휘저으면서 덩어리 하나 없이 균일하고 진 반죽이 되도록 만든다. 반죽용 스패츌러를 이용해서 손에 묻은 반죽을 떼어내고 그릇 안쪽도 깔끔하게 긁어낸다. 키친타월로 그릇을 덮은 뒤, 선선하고 그늘진 곳에 2~3일간 둔다.

2) 2~3일 후 배양액 표면과 가장자리에 거품이 일어나는지 확인한다. 제대로 활성화되지 않은 것 같다면 하루나 이틀 정도 더 놓아둔다.

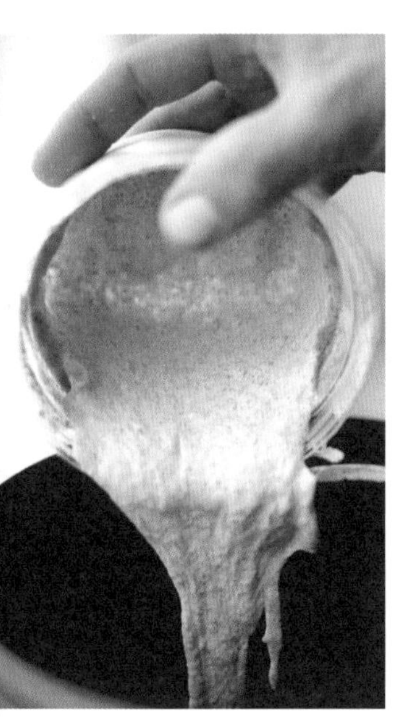

이때 표면에 거무스름한 껍질 같은 것이 생겼을 수도 있는데, 이는 전형적인 현상이다. 표면을 배양액으로 다시 집어넣고, 발효에 의해 생성된 거품과 향을 확인한다. 이 같은 초기 단계에서 코를 찌르는 듯한 강렬한 치즈 냄새와 톡 쏘는 신맛이 난다면 숙성이 매우 잘 되고 있다는 의미이다. 이 시점이 바로 처음으로 '영양분을 주어야' 할 때이다.

3) 배양액에 영양분을 주기 위해, 먼저 배양액의 80%를 덜어낸다. 덜어낸 양과 똑같은 양만큼 물과 반씩 섞은 밀가루를 넣고, 1단계에서 했던 것처럼 잘 섞는다. 이제 여러분은 나만의 배양액을 스타터로 만드는 훈련을 시작한 셈이다.

일부를 덜어내고 영양분을 주는 과정을 24시간마다 동일한 시간에 반복하는데, 가급적이면 아침 시간이 좋다. 물과 밀가루의 양을 얼마나 해야 할지 지나치게 신경 쓰지 않아도 괜찮다. 밀도가 높은 반죽을 원한다면, 중요한 것은 스타터에 영양분을 주고 숙성 과정에 주의를 기울이는 것이다.

이스트와 박테리아의 균형이 잡히면 스타터는 영양분을 준 이후 몇 시간 동안 부풀어 오르는데, 사이클이 서서히 줄면서 부피는 확 줄어든다. 스타터가 이 사이클에서 가장 신선하고 어린 단계일 때, 진득하고 톡 쏘는 향이 나던 스타터가 어떻게 달콤하고 부드러운 우유 같이 변하는지 눈여겨보자. 여기에서 '신선한'과 '어린'이란 말은 다음과 같은 의미로 쓰인다. ① 일반적인 20% 종두로 영양분을 공급받아(2~4시간) 달콤해진 숙성 단계, ② 그리고/또는 아주 적은 양(5%)의 종두로 영양분을 공급하고 더 많은 시간(4~8시간)을 두어 동일하게 달콤해진 숙성 단계. 스타터가 예상대로 발효되고 있다면, 즉 영양분 공급 이후 부풀어 올랐다가 숨이 죽는 과정을 거치고 있다면 이제 르뱅을 만들고 여러분의 첫 브레드 반죽을 할 준비가 된 것이다.

너무 완벽하게 하려 할 필요는 없다는 것을 기억하자. 하루 정도 영양분 공급을 잊었다고 해서 너무 걱정할 필요는 없다. 다음 날 영양분 공급을 확실하게 하면 괜찮다. 스타터를 망치는 확실한 방법은 오랜 시간 스타터를 내버려두거나 너무 높은 온도에 두는 것이다. 그러나 그렇다고 해도, 규칙적인 영양 공급 사이클이 여러분의 스타터를 다시 살려낼 수 있다.

르뱅 만들기와 반죽하기 Making the Leaven and Mixing the Dough

여러분의 스타터가 부풀어 오르고 다시 내려앉는 과정이 예측 가능한 상태가 되면, 이제 브레드를 만들어도 된다. 반죽을 할 준비를 하면서 베이커는 재료들의 무게를 측정한다. 여러분은 브레드를 만드는 다양한 레시피를 배우면서 그것들이 서로 얼마나 밀접한 관계에 있는지 알게 될 것이다.

1) 반죽을 하기로 한 전날 밤에 숙성된 스타터에서 딱 한 스푼(1Tbsp)만큼을 떼어낸다. 따뜻한 물(약 섭씨 26도) 200g과 반씩 섞은 밀가루 200g으로 숙성된 스타터에 영양분을 주도록 하자. 키친타월로 잘 덮어 스타터가 서늘한 온도(약 섭씨 18도)에서 활성화될 수 있도록 밤새 놓아둔다. 이것이 르뱅이다.

다음 날 아침이면 르뱅은 생이스트의 활성화로 가스가 들어가 있고 부피도 약 20% 증가한 상태가 되어있을 것이다. 르뱅이 준비되었는지 알 수 있는 가장 확실한 방법은 물에 뜨는지를 보는 것으로, 생이스트가 활성화되면 이산화탄소 가스가 나오기 때문이다. 르뱅을 한 스푼 정도 떠서 실온 정도의 물이 담긴 그릇에 떨어뜨려본다. 만약 르뱅이 가라앉으면 아직 준비가 안 된 것이며, 발효와 숙성 시간이 좀더 필요하다. 이때는 스타터를 따스한 곳에 30분 정도 놓아둔 다음 다시 체크하도록 한다.

여러분의 르뱅에서는 완전히 익은 과일의 달콤한 냄새가 나야 한다. 나는 이를 어린 르뱅이라 부르는데, 시큼한 식초 냄새가 나는 단계까지는 아직 발효가 되지 않은 것을 의미한다. 만약 아침에 르뱅을 확인했을 때 시큼한 냄새가 난다면, 여러분에게는 두 가지 선택 사항이 있다. 그 상태 그대로 르뱅을 이용해서 반죽을 하면 생각보다 약간 시큼한 맛이 나는 브레드가 나올 것이다. 아니면 그 르뱅의 반을 걷어내고 따뜻한 물 100g에 반씩 섞은 밀가루 100g을 섞은 것을 첨가한다. 르뱅의 산성을 연하게 만들고, 새롭게 발효하고 숙성하는 데 필요한 신선한 자원을 주는 것이다. 2시간쯤 그대로 내버려둔 다음 물에 띄워보는 테스트를 하면 된다.

2) 배합표에 있는 재료들을 모은다. 약 섭씨 26도의 물을 피처에 따라놓는다.

베이커들은 재료들의 비율을 백분율(%)로 나타낸다. 밀가루가 얼마나 사용되든 밀가루를 100으로 잡고, 이를 기준으로 다른 재료들을 측정한다. 이 책에 있는 모든 레시피들은 1kg의 밀가루를 기본으로 한다. 이는 여러분이 베이커처럼 생각할 수 있게 도우려는 것이다. 여러분이 기본 재료들의 원칙과 서로 혼합되는 과정에서의 작용을 이해하게 되면, 여러분이 원하는 결과물이 나오도록 레시피를 조율할 수 있을 것이다.

밀가루 대비 물의 양은 수분 백분율이라고 부른다. 600g의 물과 1000g의 밀가루로 반죽을 만들면 수분 백분율은 60%가 된다. 다르게 말하면 물의 양이 밀가루 무게의 60%라는 설명이다. 베이직 컨트리 브레드 반죽의 수분 백분율은 75%이다.

아래에 있는 배합표는 이 책에 있는 베이직 컨트리 브레드의 공식이다. 우리는 75%의 수분 백분율로 시작하는데, 이는 반죽을 처음부터 다루기 쉽게 한다. 여러분이 부드러운 반죽에 익숙해지면 자신의 입맛에 맞는 수분 함량을 점차적으로 늘려갈 수 있다.

재료	양	베이커의 백분율(%)
물(약 섭씨 26도)	700g+50g	75
르뱅	200g	20
밀가루 총량	1,000(1kg)	100
브레드용 밀가루(흰색)	900g	90
통밀가루	100g	10
소금	20g	2

3) 약 섭씨 26도의 물 700g을 커다란 믹싱 볼에 붓는다. 200g의 르뱅을 첨가한 다음 고르게 풀어준다. (남은 르뱅은 잘 보관해야 하는데, 여러분의 스타터이기 때문이다. 며칠에 한 번씩 베이킹을 할 계획이라면 매일 스타터의 일부를 걷어내고 영양분을 공급해야 하는데, 48쪽의 3단계 설명대로 하면 된다. 만약 가끔씩만 베이킹을 할 거라면 73쪽에 나와있는 스타터 관리 방법에 대해 알아두자.)

900g의 브레드용 흰색 밀가루와 100g의 통밀가루를 섞은 밀가루 총 1000g을 물에 넣고 손으로 꼼꼼하게 덩어리 하나 없는 상태가 될 때까지 반죽한다. 반죽용 스패출러로 손과 볼에 묻은 반죽을 긁어내면서 말끔히 청소한다. 반죽을 25~40분 동안 휴지시킨다. 이 휴지 과정을 절대로 생략해서는 안 된다. 휴지기는 밀가루에 있는 단백질과 녹말이 수분을 흡수해서 부풀어 오르게 한 다음, 전체적으로 응집력 있는 덩어리가 되도록 만들어준다.

4) 휴지기 이후, 소금 20g과 따뜻한 물 50g을 반죽에 첨가한다. 손가락으로 반죽을 쥐어짜듯이 하며 소금을 섞어준다. 반죽은 따로따로 분리되었다가 볼에서 반죽을 뒤집어주면 다시 합쳐질 것이다. 소금이 바로 녹아들지 않는 것처럼 보여도 너무 걱정하지 않아도 된다. 사진에 보이는 대로 반죽의 윗부분을 접고, 작고 투명한 용기에 옮겨 담는다. 타르틴 베이커리에서 우리는 단열 기능이 있는 용기를 사용하는데, 이는 결정적인 숙성 단계에서 반죽의 따뜻한 온도를 유지하기 위해서이다. 한 번도 빵을 만들어본 적이 없다면 반죽이 숙성하면서 탄산가스를 배출하는 과정을 볼 수 있다는 점도 유익할 듯싶다. 우리는 두툼한 플라스틱을 좋아하는데 안전하고 청소하기 쉽기 때문이다. 묵직한 유리 볼 역시 좋다.

반죽이 처음으로 부풀어 오르기 시작한 것을 1차 발효(bulk rise)[4]라고 한다. 이 결정적인 단계는 서둘러 작업해서는 안 되는데, 여기에서 반죽의 풍미와 탄력이 만들어지기 때문이다. 1차 발효는 높은 온도에 민감하며, 보통 따뜻한 반죽이 더 빨리 발효된다. 타르틴에서 우리는 1차 발효를 서너 시간 안에 끝내기 위해 반죽의 온도를 대략 섭씨 25도에서 27도 사이에서 일정하게 유지하려고 노력한다.

한 가지 중요한 고려 사항은 발효시키는 반죽이 소량일 경우 금방 주변 온도를 따라갈 거라는 점이다. 그러므로 발효 속도는 여러분의 주방 온도에 달려있다. 하지만 반죽에 작용하는 미생물의 환경을 조절할 수 있는 방법은 매우 다양하다. 만약 여러분의 주방이 섭씨 15도 미만의 선선하고 서늘한 곳이라면 반죽할 때 사용하는 물을 좀더 따뜻하게 데워서 이용하면 되고, 섭씨 32도가 훌쩍 넘는 무더운 상황이라면 나무나 두껍고 단단한 플라스틱처럼 열전도가 낮은 소재로 만든 고급 용기를 사용해서 반죽을 보관한다. 오븐을 프루프 박스(proof box)[5]로 이용해도 되는데, 오븐에 끓는 물이 담긴 작은 냄비를 놓아 오븐 주변 온도를 올리고 그 가까이에 반죽을 두는 것이다. 또 다른 방법으로는 여러분의 오븐 안에 있는 베이킹 스톤을 사용해 (반죽을 둘 곳과 떨어져있는 선반 위에서) 금방 열기를 내는 것이다. 여러분이 오븐을 꺼도 달궈진 베이킹 스톤은 오븐을 따뜻하게 유지해줄 것이다.

만약 르뱅을 서너 시간 이상 두고 싶다면 좀더 차갑게 해서 1차 발효를 길게 가지는 것이 바람직하다. 75쪽에 여러분의 주변 환경과 일정에 맞게 베이킹 과정을 조율하는 방법을 설명하고 있다.

---

4 한국 제빵에서는 1차 발효 혹은 통발효라고 부르는데, 이 책에서는 1차 발효로 통일하기로 한다.
5 일정한 온도에서 반죽을 넣어두고 숙성시킬 수 있는 따뜻한 공간

5) 나의 기술을 따라 해보면, 여러분은 반죽을 절대 작업대 위에서 하는 일이 없다는 사실을 알아차릴 것이다. 일반적으로 베이커들이 주로 치대고 주물러 반죽하는 것과 달리, 우리는 1차 발효 동안 볼에서 '뒤집기'만 반복해 반죽을 끝낸다. 이렇게 하면 반죽을 볼에서 꺼내 반죽하는 것보다 깔끔하고, 힘을 많이 들이지 않고도 같은 정도의 반죽을 만들 수 있다.

반죽을 뒤집을 때는 한 손을 물에 적신 다음 반죽을 만져야 반죽이 손에 달라붙는 것을 막을 수 있다. 반죽의 아랫부분을 잡아 위로 올려 늘린 다음 나머지 반죽 위로 접어 내린다. 반죽이 전체적으로 균일하게 반죽되도록 이 과정을 두세 번 반복한다. 이를 1세트로 간주한다.

1차 발효가 시작되고 처음 2시간 동안, 30분마다 1세트를 해준다. 세 번째로 접어들면 반죽이 얼마나 부풀어 올랐고 부드러워졌으며, 가스가 들어가기 시작했는지 알 수 있다. 이후의 단계에서는 반죽을 더 부드럽게 뒤집어야 하는데, 반죽에서 가스가 빠져나가지 않게 하기 위해서이다.

1차 발효 동안 숙성이 잘 되면 축축한 반죽이 성형한 모양을 유지할 수 있게 되는데, 베이커는 반죽이 얼마나 숙성되었고 성형할 준비가 되었는지 잘 살펴봐야 한다. 1차 발효가 시작되고 처음 한 시간 동안에는 반죽이 뻑뻑하고 무겁게 느껴질 것이다. 그러다 반죽을 뒤집은 이후 반죽의 표면이 얼마나 매끄러워지는지 보라. 세 번째가 끝나갈 무렵이면 반죽은 훨씬 더 가스로 차오르고 부드러워져있을 것이다. 잘 숙성된 반죽은 응집력이 좀더 있고 뒤집을 때 볼에서 더 잘 떨어진다. 뒤집으며 생긴 굴곡은 몇 분 동안은 그대로 보일 것이다. 또한 반죽의 부피는 20~30%가량 늘어나있을 것이다. 이런 현상들은 모두 여러분의 반죽이 성형될 준비가 되었다는 표시이다.

만약 반죽의 숙성이 느린 것처럼 보이면 1차 발효 시간을 늘리면 된다. 반죽을 주의 깊게 관찰하고 유연하게 대처하자.

6) 반죽용 스패출러를 이용해서 반죽을 용기에서 모두 꺼내어 밀가루를 뿌리지 않은 작업대 위에 올려
놓는다. 반죽 표면에 밀가루를 살짝 뿌리고 벤치 나이프로 같은 크기의 두 덩어리로 나눈다. (이 레시피는
로프 두 개가 나오는 양이다.) 첫 덩어리를 잘랐으면 벤치 나이프를 이용해 반죽을 뒤집어서 밀가루를 뿌린
면이 작업대 위에 놓이도록 하고 쉬게 둔다. 두 번째 덩어리도 똑같이 한다.

이 시점에서, 반죽에 밀가루는 가급적 섞이지 않도록 한다. 각 반죽의 자른 단면을 접어서 표면에 있
는 밀가루가 브레드의 바깥쪽을 감싸도록 한다. 반죽 덩어리의 바깥쪽은 브레드의 크러스트, 곧 껍질이
될 것이므로 여러분은 더 많은 밀가루를 손에 묻혀서 달라붙지 않게 할 수도 있다.

벤치 나이프와 한 손을 이용해서 각각의 반죽 덩어리를 둥근 모양으로 성형한다. 반죽의 탄력은 여러
분이 반죽을 굴릴 때 바닥에 닿는 면에 힘이 들어가면서 형성된다. 성형이 끝날 즈음 반죽의 표면은 팽
팽하고 매끄러운 상태가 된다.

여러분은 가능한 몇 번의 움직임만으로 강한 탄력이 형성되기를 원할 텐데, 그러려면 반죽을 절도 있
고 부드럽게 다뤄야 한다. 만약 반죽 표면이 찢어진다면 너무 오래 반죽해 과도한 탄력을 만든 것이다.
그래도 걱정할 것은 없고, 그냥 성형을 멈추고 반죽을 쉬게 하면 된다.

7) 이렇게 초기 성형을 마친 다음, 두 개의 둥그런 반죽을 작업대 위에 20~30분 동안 두고 쉬게 한다.
이 단계를 중간 발효(bench rest)[6]라고 부른다. 반죽이 차가운 공기에 너무 노출되지 않도록 주의해야 한
다. 차가운 공기는 또한 최종 성형을 마무리할 때 반죽의 윗부분에 건조한 표피를 만드는 원인이 될 수
있다. 반죽에 밀가루를 가볍게 뿌려준 다음 키친타월로 덮어두는 것도 좋다.

중간 발효 기간 동안, 각각의 둥그런 반죽은 두툼한 팬케이크 모양으로 퍼지게 될 것이다. 반죽 둘레
의 가장자리는 평평해지거나 가늘어져 '흘러내리는' 상태가 되어서는 안 되며, 통통하고 둥그스름해야
한다. 만약 가장자리가 평평하고 반죽이 너무 퍼져 보인다면, 1차 발효 동안에 반죽이 충분하게 숙성되
지 않아 탄력이 없는 것이다. 이를 바로잡으려면 각 반죽을 둥그런 모양으로 다시 성형하면 되는데, 이는
용기에서 추가로 뒤집기를 해주는 것이나 다름없다.

8) 최종 성형을 하기 위해, 둥그런 덩어리 반죽의 표면 위에 밀가루를 살짝 뿌린다. 둥그런 모양이 망가
지지 않도록 주의하면서, 각각의 둥그런 반죽 아래로 벤치 나이프를 살짝 넣어 작업대에 닿은 면을 들
어올린다. 밀가루를 뿌린 면이 작업대 위에 놓이도록 둥그런 반죽을 뒤집고, 반죽을 쉬게 한다.

최종 성형에서도 늘여접기를 반복적으로 하는데, 늘 그렇듯 반죽의 공기를 빼내지 않도록 주의해야
한다. 늘여접는 과정을 반복적으로 하면 반죽 내부의 탄력을 형성해서 모양을 유지하도록 만들어주고,
오븐에서 구울 때 충분히 팽창하도록 해준다. 베이커들은 이 같이 드라마틱하게 부풀어 오르는 현상을
'오븐 스프링(oven spring)'이라고 부른다.

먼저 한 번에 둥근 반죽 한 덩어리로 시작하는데, 여러분 몸쪽에 있는 반죽의 1/3 가량을 반죽의 중
간 지점으로 잡아당겨 접는다. 반죽을 여러분 오른쪽에서 수평으로 잡아당겨서 오른쪽 1/3 가량을 가

---

6 '벤치 타임'이라고도 하는 이 단계는 반죽을 분할한 후 성형 전에 모양을 쉽게 만들 수 있도록 해주는 작업을 이른다.

운데로 접는다. 반죽을 여러분의 왼쪽에서 잡아당겨 앞서 접은 지점에 접는다.

여러분에게서 가장 먼 쪽 반죽의 1/3을 늘여 몸 쪽으로 쭈욱 당겨 접은 다음, 손가락으로 눌러 아래 반죽에 고정시킨다. 그런 다음 여러분쪽 반죽을 접어 올려 덮는데, 반죽 전체를 굴리면서 모든 이음매는 아래쪽으로 가고 부드러운 면이 위에 오도록 놓는다. 손을 동그랗게 오므려 반죽을 쥐고 앞으로 잡아당겨 반죽을 펴서 둥글게 세우고, 표면의 이음매를 정리한다. 성형한 반죽은 잠시 쉬게 한다. 남아있는 다른 반죽 덩어리도 똑같이 한다.

9) 작은 볼에 쌀가루와 통밀가루를 반씩 섞는다. 바구니 혹은 중간 크기의 볼 두 개를 준비해 깨끗한 키친타월을 펼쳐 놓고 앞서 만든 밀가루 혼합물을 살짝 뿌린다. 밀가루의 얇은 층은 반죽이 최종 발효 과정에서 끈적하게 달라붙는 것을 방지한다. 벤치 나이프를 이용해서, 각각의 성형한 반죽을 들어올려 키친타월을 깐 바구니나 볼에 담는다. 부드럽고 매끄러운 면이 바닥으로 향하게 하고, 이음매 부분은 바구니나 볼의 중앙에 위를 향하게 놓는다. 반죽은 이제 오븐에 들어가기 전 최종적으로 부풀어 오르게 될 것이다.

이 시점에 여러분에게는 두 가지 선택권이 있다. 반죽을 오븐에 넣어 굽기 전, 따뜻한 실온(섭씨 24~26도)에서 약 3~4시간 정도 더 부풀어 오르게 할 수 있다. 이는 최종 발효라고 부르며, 2시간 정도 있으면 순한 풍미의 브레드를 얻게 될 것이다.

반죽을 바로 굽지 않으려면 바구니나 볼에 담아 냉장고에 넣어둔 채로 12시간까지 보관하며 최종 발효를 지연시키는 '저해기' 과정을 거칠 수도 있다. 차가운 환경은 발효를 느리게 할 뿐 멈추는 것이 아니다. 8~12시간이 지나면 반죽은 좀더 잘 숙성되고 부드러운 산도를 가진 향이 날 것이다.

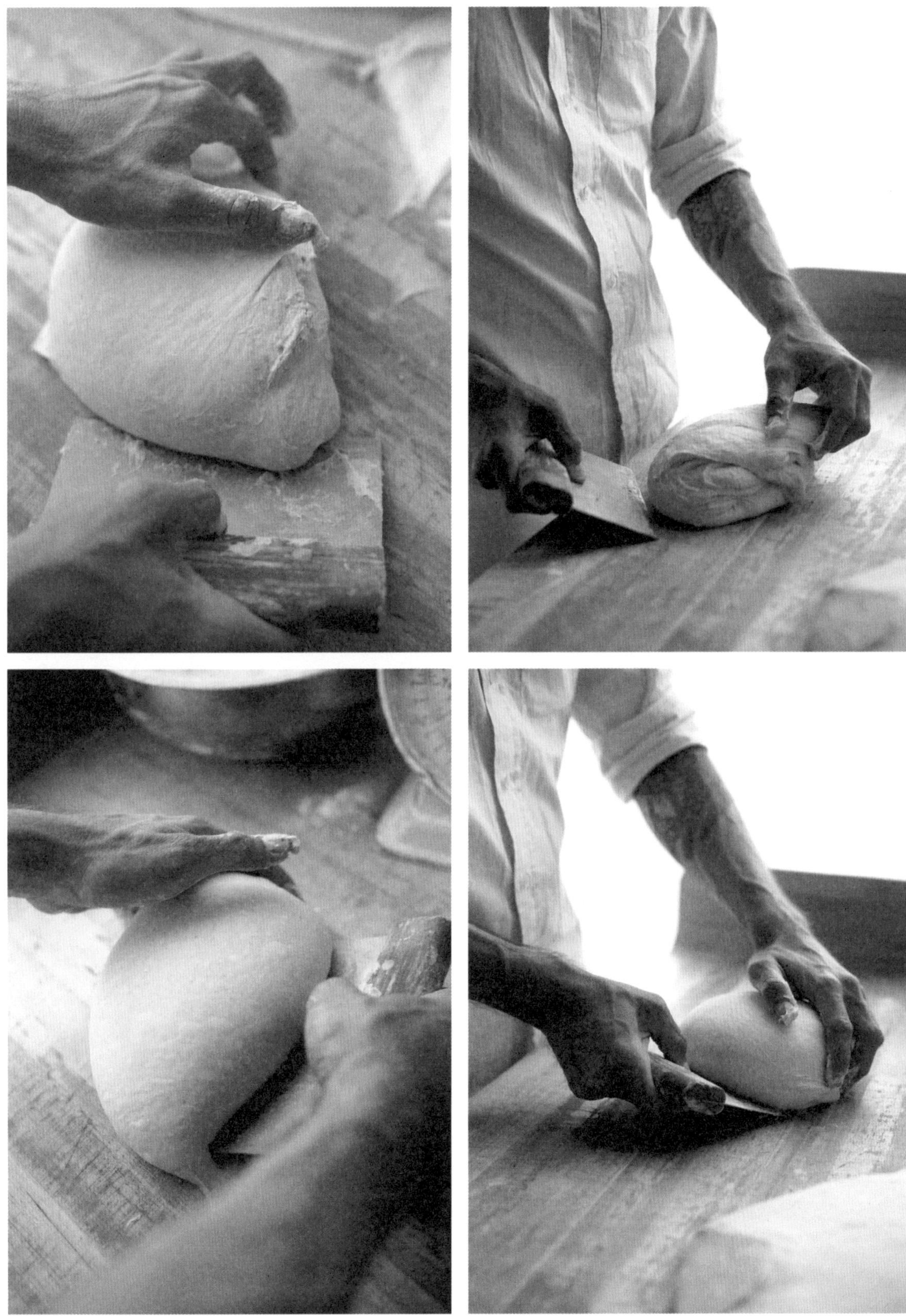

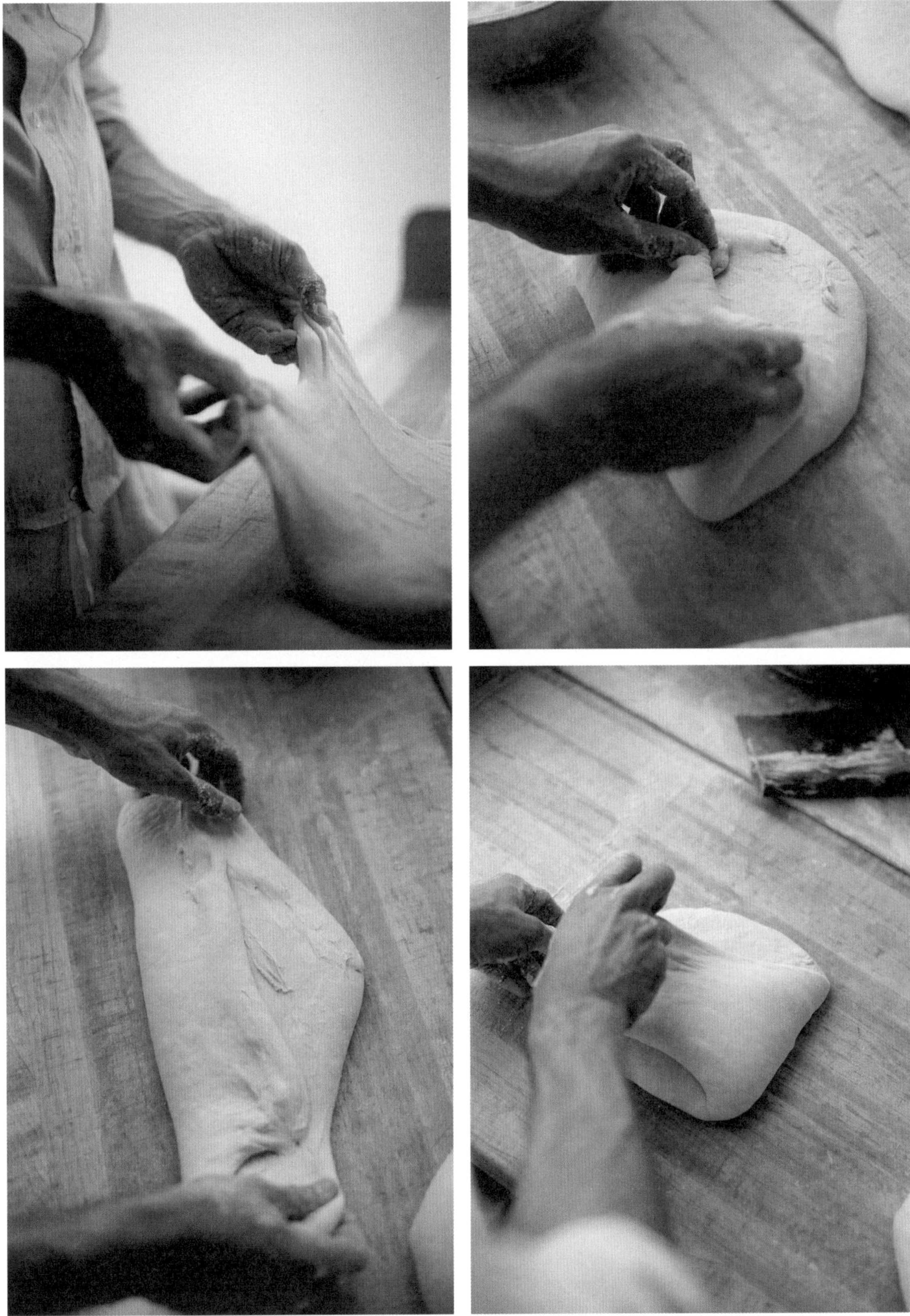

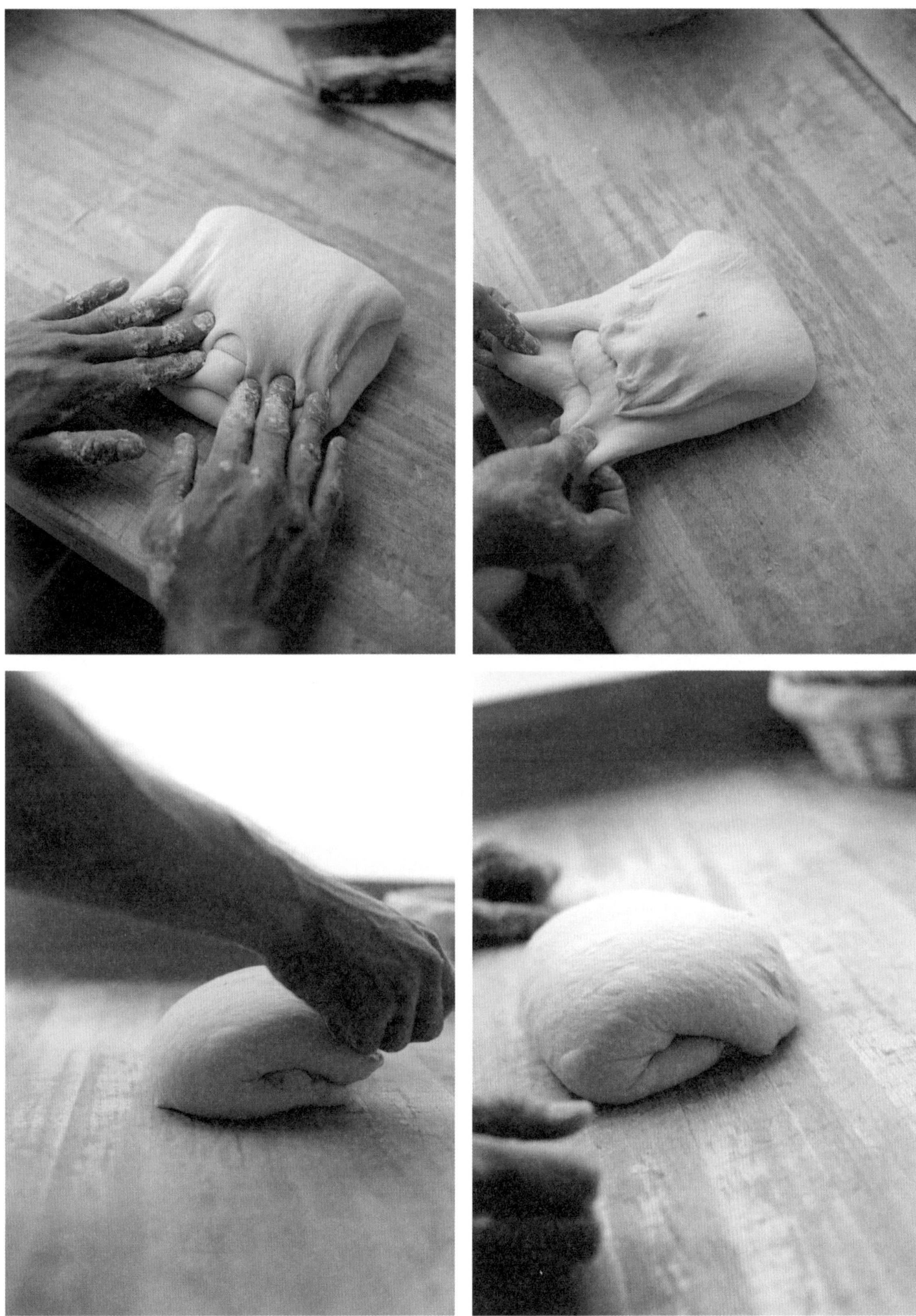

로프 굽기|Baking the Loaves

1) 오븐에서 굽기 대략 20분 전에 더치 오븐 콤보 쿠커를 오븐에 넣고 섭씨 260도로 예열한다. 만약 성형한 반죽을 냉장고에 넣어두었다면, 그중 한 덩어리를 이때 꺼내놓는다. 나머지 반죽은 첫 로프를 다 굽고 콤보 쿠커를 깨끗하게 닦아 다시 오븐에 넣을 때까지 냉장고에 넣어둔다.

2) 오븐을 예열하는 동안 도구들을 준비한다. 두꺼운 오븐용 장갑, 쌀가루, 오븐에 굽기 전 각각의 로프에 스코어를 만들 양날 면도칼이 있어야 한다. 면도칼의 날에 다치는 일이 없도록, 나무 커피 스틱을 반으로 길게 가른 다음 면도날을 끼워 고정시켜 이용한다.

베이커들은 오븐에 브레드를 넣기 전에, 오븐을 스팀으로 흠뻑 적신다. 브레드를 오븐에 넣으면 초반 20분 동안 수분과 열기가 껍질은 만들지 않고 브레드를 팽창시킨다. 내가 바라는 좋은 브레드의 특징들, 곧 윤기가 흐르고 갈라지는 껍질에 깊고 짙은 갈색 빛, 쭉 벌어진 스코어, 온전하게 부푼 모양 등은 베이킹 초반의 수분과 열에 의해 모두 형성된다.

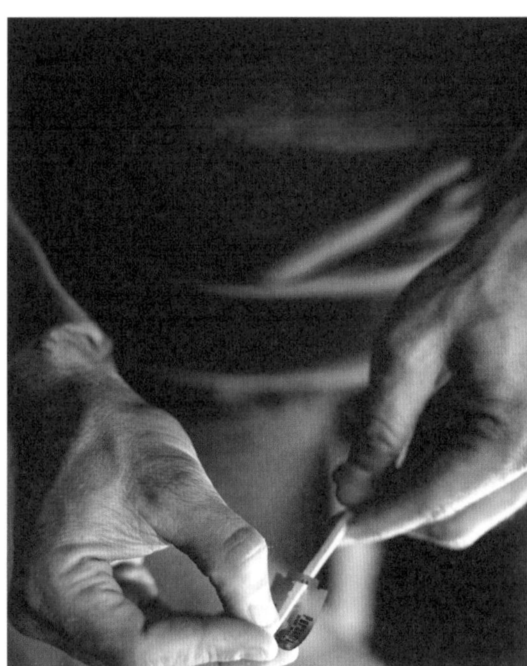

홈베이커들은 수분을 환기하도록 만들어진 오븐을 스팀으로 흠뻑 적셔야 하는 문제에 부딪힐 수밖에 없다. 나는 가정용 재래식 오븐을 가지고 스팀을 내기 위해 젖은 키친타월부터 끓는 물이 담긴 냄비까지 생각할 수 있는 모든 방법을 시도해봤는데, 사실 스팀을 얼마나 많이 만들든 간에 가정에서는 브레드 전용 오븐으로 구운 것만큼의 결과물을 낼 만한 수분을 유지하는 것 자체가 불가능하다.

밀폐된 더치 오븐은 이 문제를 해결해주었다. 더할 나위 없이 반가운 이 발견은 내가 수년 동안 써온 나무를 때는 오븐과 비슷한 결과물을 만들어냈는데, 더치 오븐이 초반에 로프에서 나오는 수분을 충분히 잡아줬기 때문이었다. 집에서 더치 오븐을 이용하면, 브레드 전용 오븐과 같이 수분을 머금은 밀폐 공간과 강력한 복사열이라는 장점을 얻을 수 있다. 더치 오븐으로 만든 빵들은 전문 베이커의 오븐에서 만든 것과 거의 차이가 없다.

내가 가장 좋아하는 더치 오븐은 아래 사진에 나와있는 주철로 만든 콤보 쿠커이다. 한쪽은 얕은 팬이고 다른 하나는 속이 깊은 팬으로, 각각은 서로의 뚜껑이 된다. 나는 얕은 팬에 반죽을 넣고 속이 깊은 팬을 뚜껑으로 쓰는 방법을 선호한다. 오븐에 굽기 전에 스코어링을 하기 편하고, 깊은 팬을 뚜껑으로 덮으면 굽는 동안 빵이 부풀어 오를 수 있는 공간도 확보되기 때문이다. 어떤 종류의 더치 오븐으로 베이킹을 하든지 결과물은 훌륭하게 나올 것이며, 여러분은 팬을 제대로 잘 닫았는지 확인하기만 하면 된다.

3) 바구니 혹은 볼에 담은 로프들 표면에 쌀가루를 뿌리는 더스팅(dusting)을 한다. 오븐이 섭씨 260도가 되었을 때, 오븐용 장갑을 끼고 뜨겁게 달궈진 얕은 팬을 조심스럽게 오븐에서 꺼낸 다음 스토브 위에 올린다. 나머지 팬 혹은 뚜껑은 오븐에 그대로 둔다. 섭씨 260도가 넘는 팬에 손이 잘못 닿았다가는 심각한 화상을 입을 수 있으니 주의한다. 조심스럽게 바구니 혹은 볼을 뒤집어서 반죽을 뜨거운 팬에 넣는다. 반죽이 키친타월에 달라붙는다면, 다음에는 쌀가루를 더 많이 뿌려준다.

4) 로프들이 오븐에서 잘 부풀어 오르도록 잘라주거나 스코어링을 한다. 스코어가 없으면 로프는 충분히 부풀어 오르지 못하고 옆구리가 터져버린다. 스코어의 각도, 개수, 모양에 따라 로프의 팽창과 최종 결과가 달라진다. 숙련된 베이커에게는 원하는 모양이 나오도록 할 줄 아는 노하우가 있으며, 이는 그 베이커만의 시그니처 문양이 된다. 스코어는 또한 다른 브레드를 구분하거나 최종 로프의 미적인 부분을 결정하는 데 쓰이기도 한다.

　면도날의 모서리를 이용해서 로프 위에 여러분의 스코어를 만들어보라. 둥그런 모양의 로프라면 칼집 네 개를 넣어 심플한 사각형을 만드는 것을 추천한다. 그러면 이 부분이 위로 올라와 마치 귀 모양처럼 되는데, 이렇게 여러분의 로프에 '귀'를 달려면 면도날을 최대한 눕혀 거의 수평으로 칼집을 넣어준다.

　더치 쿠커 중 속이 깊은 팬이나 재래식 더치 오븐에 있는 로프에 스코어링을 할 때는 뜨거운 팬의 가장자리에 팔꿈치를 데이는 일이 없도록 주의한다.

5) 로프를 넣은 얕은 팬 위에 깊은 팬을 덮는다. 깊은 팬이 너무 무겁다 싶으면, 서로 바꾸어도 된다. 그럴 때는 스코어링을 하는 동안 뜨거운 팬의 가장자리에 팔꿈치를 데이지 않도록 주의한다. 오븐 온도를 즉시 섭씨 232도로 낮추고 로프를 20분 동안 굽는다.

6) 20분 뒤, 오븐용 장갑을 낀 다음 오븐을 열고 조심스럽게 위에 있는 팬을 꺼낸다. 뿌옇게 김이 나올 것이다. 껍질이 엷은 색으로 반짝거리는지 확인한다. 이는 수분이 잘 스며들었다는 뜻이다. 껍질이 진한 캐러멜 색을 띨 때까지, 브레드를 20~25분 정도 더 굽는다. 오랫동안 껍질이 바삭바삭한 브레드를 만들고 싶다면, 껍질이 윤기 도는 진갈색이 될 때까지 단단하게 구워내는 것이 중요하다.

7) 오븐용 장갑을 끼고 팬을 오븐에서 꺼낸 다음, 랙(철망)으로 옮겨 열기를 식힌다. 만약 랙이 없으면 로프를 약간 기울여 공기가 로프의 속과 바닥을 통과할 수 있도록 한다. 로프가 가볍게 느껴지는 것은 수분이 아주 적당히 남아 조리되었다는 뜻이다. 바닥을 톡톡 두드려보면 속이 텅 빈 소리가 날 것이다.

두 번째 로프를 굽기 위해, 오븐 온도를 섭씨 260도로 올린다. 오븐용 장갑을 끼고 마른 키친타월로 쿠커 바닥을 깨끗하게 닦아낸 다음, 얕은 팬과 깊은 팬을 다시 10분 동안 뜨겁게 달군다. 3단계부터 7단계까지 반복한다. 각각 구워낸 로프들이 식으면서 껍질은 약간씩 줄어든다. 이때 희미하게 바스락거리는 브레드의 노래를 들어보시길.

주요 재료 The Essential Ingredients

빵을 만드는 가장 최소한의 재료는 밀가루, 물, 소금이다. 이는 베이직 컨트리 브레드의 레시피로 만드는 로프이기도 하다. 이 중에서 밀가루는 로프의 특징을 결정짓는 가장 중요한 재료이다. 브레드의 풍미는 밀가루와 발효 과정에서 생긴다. 통밀가루와 호밀가루는 하얀 밀가루보다 더욱 활발하게 발효한다.

밀가루의 신선도는 최종 결과물의 향을 결정하는 매우 중요한 요소가 된다. 우리가 직접 제분하지 않는 상황에서 '신선한' 밀가루란 베이킹하기 1~2주 전에 빻은 밀가루를 뜻한다. 여러분이 구할 수 있는 지역에서 신선하게 제분된 밀가루를 사용하길 바란다. 여러분이 직접 수확한 밀을 빻아 그 밀가루로 베이킹을 하면 최고의 브레드를 만들 수 있으며, 신선하게 빻은 밀가루를 이용할 때 발효 역시 확연한 차이를 보일 정도로 아주 활발히 일어난다는 사실도 알아두자.

'다목적용' 표시가 된 대부분의 밀가루는 브레드를 만드는 데 쓸 수 있다. 타르틴에서 세 가지 밀가루 샘플로 베이킹 테스트를 한 적이 있다. 하나는 어느 식료품점에서나 구매할 수 있는 다목적용 표백 밀가루였는데, 마트 선반 뒤쪽에 박혀있던 그 밀가루는 몇 달 동안 그 자리에 있었던 것처럼 보였다. 두 번째는 꽤 좋은 평가를 받고 있는 유기농 브레드용 밀가루로 자연주의 식료품점에서 구입했다. 마지막 세 번째는 15년 동안 함께 일해온 제분사가 빻아준 우리만의 밀가루였다.

놀랍게도, 결과물들은 눈으로는 전혀 구분이 되지 않았다. 블라인드 테스트를 하고 나서야 우리는 어떤 빵이 우리 밀가루로 만든 빵인지 알 수 있었다. 풍미가 완전히 달랐던 것이다.

마트에서 쉽게 살 수 있는 밀가루로 만든 로프에서는 발효 과정에서 만들어진 것이 아닌, 오랫동안 마트 선반 위에 놓여있으면서 밀가루에 스며든 것 같은 그리 좋지 않은 향이 났다. 유기농으로 만든 로프는 괜찮긴 했지만 브레드의 내상이 내가 원하는 것보다는 거칠었다. 많은 시행착오 끝에 나는 내가 원했던 부드러운 내상을 만들어줄 밀가루를 꽤 오래전에 발견했다.

많은 제분사들이 내게 자신들의 밀가루에 대한 통계자료들을 보여주고 싶어한다. 그런 정보들이 선호를 파악하는 데 도움이 될 수는 있겠지만, 여러분의 입맛과 기술에 적합한지 알아보려면 직접 밀가루로 브레드를 만들어보고 결과물을 테스트해보는 것 외에 다른 방법이 없다. 숫자들은 여러분이 원하는 브레드를 보여주지 않는다. '숫자들에 의한' 베이킹은 대규모로 생산하는 경우에나 어울리는 방법일 뿐이다.

마시기에 좋은 물이 베이킹에도 좋은 물이다. 물에서 온도는 가장 중요한 요소이다. 반죽의 기본 온도를 가장 직접적으로 좌우하기 때문이다.

타르틴에서는 천일염을 사용한다. 먹기에 좋은 것이라면 어떠한 소금이든 괜찮다. 만약 입자가 굵은 천일염을 사용한다면 소금이 반죽에 녹아 들어가는 데 다소 시간이 걸리므로, 54쪽에 설명된 반죽하기 3단계 과정에서 소금을 넣는다. 고운 소금을 쓴다면 반죽이 휴지기를 지난 다음인 4단계에 넣는다.

스타터 The Starter

베이커의 진정한 기술은 발효 과정을 얼마나 잘 관리하느냐에 달려있다. 이는 브레드를 만드는 정신이다.

스타터는 발효를 위한 밀가루와 물의 혼합물이다. 이 발효는 자연스럽게 일어난다. 규칙적이고 지속적인 영양분 공급 이후, 생이스트와 더불어 젖산과 초산을 생산하는 박테리아가 서로 시너지를 내며 발효 촉매제가 된다. 전 세계의 사워도우 스타터 배양액들은 밀접하게 연관되어 있는데, 상당수는 같은 이스트와 박테리아를 쓴다.

우선 나만의 방법으로 시작하려면, 르뱅과 스타터에 대해 중요한 두 가지를 고려해야 한다.

1. 숙성된 스타터는 르뱅을 혼합할 때 써야 한다. 스타터에서는 진하게 숙성된 냄새와 중간쯤 되는 신맛이 날 것이다.

2. 스타터와 비슷한 향이 나기 한참 전, 덜 숙성되고 달콤한 냄새가 나는 르뱅은 반죽할 때 쓴다.

2008년 프랑스에서 나는 15년 만에 다니엘 콜린과 패트릭 르포트를 다시 만났다. 우리의 이야기는 곧 브레드와 각자 쓰고 있는 르뱅의 복잡함에 대한 화제로 흘러갔다. 나는 당시 만들고 있던 브레드 사진들을 가져갔는데, 다니엘과 패트릭은 타르틴의 영양 공급 일정과 혼합 비율에 대해 알고 싶어했다.

내가 어리고 달콤한 냄새가 나는 액상의 천연 르뱅을 설명하자, 패트릭은 미소를 지으며 곧장 냉장실에서 작은 흰색 플라스틱 통을 꺼내와 보여주었다. 그는 한동안 실험해봤지만 그가 원하는 브레드를 만들려면 지금의 스타터로는 충분하지 않다고 했다. 신기하게도 그 스타터는 수년 동안 내가 포인트 레예스에서 써왔고 지금 샌프란시스코에서도 쓰고 있는 것과 똑같았다. 두 스타터의 향과 풍미가 동일한 만큼, 같은 미생물로 이뤄져있었을 것이다. 실제로 관리를 어떻게 하고 있는지 이야기를 나눠본 결과, 우리의 영양 공급 일정도 똑같다는 것을 알 수 있었다.

생이스트는 곡물에도 있고, 베이커의 손에도 있으며 크게 보면 공기 중에도 있다. 영양분 공급이 필요한 박테리아는 설탕 같은 단당류를 먹고 젖산과 초산을 배출하는 미생물이다. 생이스트는 다른 종류의 당을 섭취하고 발효 과정에서 이산화탄소를 발생한다. 젖산과 초산의 비율은 스타터가 관리되는 환경의 온도와 종의 양, 영양분 공급 일정에 따라 달라진다. 규칙적인 일정으로 스타터에 동일한 양의 영양분을 공급하고 일정한 온도(이상적인 온도는 섭씨 18~24도)에서 스타터를 보관한다면 예측이 가능하고 활기 있는 천연 르뱅이 만들어질 것이다.

스타터를 냉장하지 않고 더 높은 온도에서 보관하면 좀더 진한 풍미의 젖산이 초산보다 더 많이 생성된다. 최종 로프의 전체적인 산도가 신맛을 좌우한다. 산도는 이미 만들어진 스타터의 산성 함량과 함께 신선한 르뱅이 배양되었을 때에 시작된다. 타르틴에서 우리는 영양 공급과 발효가 진행되는 동안 산성을 조절하여 식초 같은 초산을 완화하는 부드러운 젖산의 풍미를 더욱 강화하고 있다. 우리는 항상 적은 양의 종을 사용하고, 중간 정도의 실온에서 하루에 서너 번 정도 영양분을 공급하며 계절에 따라 조금씩 변화를 준다.

1차 발효나 최종 발효 기간에 반죽에 쓰인 르뱅의 산도가 높고, 혹은 부풀어 오르는 시간이 너무 길면 신맛이 강한 브레드가 만들어진다.

스타터를 정기적으로 혹은 한 번에 몇 주씩 냉장 보관하면 더 낮은 온도에서 잘 자라는 박테리아와 이스트를 촉진시키게 되는데, 그러면 신맛이 강해질 것이다. 좀 덜 시큼하게 되돌리려면 스타터를 냉장고에서 빼낸 다음 상당량을 떼어내야 한다. 스타터를 약 20%만 남기는데, 이것은 나중에 신선한 스타터의 종두로 사용하면 된다. 제거한 80%만큼 물과 반씩 섞은 밀가루 혼합물을 넣고, 48쪽에 있는 3단계를 따라 하면 된다.

스타터의 역할은 반죽에 탄력과 산도를 발달시키는 것이다. 이어지는 르뱅 제조에서 이 스타터의 탄력이 그대로 더 큰 덩어리의 반죽으로 이어진다. 산도가 있고 잘 숙성된 스타터는 반죽에 탄력을 더하며 글루텐을 조절하는 역할을 하지만, 반죽의 신맛이 강해지는 것을 막으려면 적은 양을 쓴다.

르뱅 The Leaven

꽃무늬에 신선하며 크림 같고 달콤한, 그리고 우유 같은 느낌은 여러분이 르뱅을 잘 발달시키기 위해 노력하면 반죽에 고스란히 발현되는 특성들이다.

르뱅은 스타터와 함께 만들어진다. 르뱅의 특성은 반죽에 영향을 주고 궁극적으로는 빵에 전달된다. 르뱅으로 대량 반죽을 배양시키면, 결국 반죽 전체가 커다란 버전의 르뱅이 되는 것이다. 만약 최적의 르뱅 숙성 기간을 넘겨 발효되면, 그 반죽은 사이클을 마치고 다시 스타터가 될 것이다.

르뱅의 향은 반죽과 마찬가지로, 온도와 시간 변화에 상관없이 여러분에게 발효 과정에서 무슨 일이 일어나고 있는지를 알려주는 기본적인 지표이다. 시작할 때 시간과 온도로 체크하는 것도 좋지만, 각 발효 단계마다 르뱅과 반죽이 어떤 상태인지 '코'로 읽어내는 방법을 익힌다면 성공적인 베이킹 경험을 기억해서 반복하며 여러분의 기술로 발효 과정을 관리할 수 있게 될 것이다.

여러분이 반죽을 할 때 르뱅이 과하게 숙성되어 시큼한 냄새가 난다면, 신맛이 다른 풍미를 모두 덮어버릴 것이다. 그 상태의 반죽으로도 베이킹을 할 수 있지만, 르뱅을 덜 사용하는 조정이 필요하다.

언제든 과도하게 숙성된 르뱅의 반을 덜어내고 반씩 섞은 밀가루와 물을 반죽에 충분히 넣으면 된다. 르뱅에서 달콤한 냄새가 나고 물에 뜨는 테스트(49쪽 1단계 설명 참조)를 다시 통과하면 사용할 수 있게 되는데, 섭씨 24~25도의 중간 정도 실온에서 작업했다면 약 2시간이 걸릴 것이다. 비율이 다른 르뱅의 숙성은 주변 온도에 따라 달라진다. 그리고 이렇게 르뱅이 준비되면 1~2시간 내에 쓰는 것이 좋을 것이다. 비록 '어린' 르뱅을 다루는 기술이 많은 시간을 요구한다는 점을 감안하더라도 말이다.

만약 여러분이 추운 기후에서 주변 온도를 조절하기 힘든 상황이라면, 따뜻한 물과 더 많은 종두의 스타터를 이용해 영양분을 주되 하루에 한 번 정도 공급을 줄인다. 반대로 따뜻한 지역이라면 적은 양의 종두를 가진 스타터를 이용하며 영양분 공급을 하루에 한 번 늘린다. 극심하게 더운 지역이라면 르뱅을 냉장 보관해 온도를 적절히 조절하거나 아주 차가운 물을 이용한다.

이런저런 경험을 통해, 여러분은 베이킹 사이클에 대한 예리한 감을 기를 수 있을 것이다.

휴지기 The Rest Period

초기 반죽이 끝나면 반죽을 볼 안에 그대로 두고 쉬게 한다. 프렌치 브레드의 대가인 레이몬드 칼벨(Raymond Calvel) 교수가 '오토리즈(autolyse)'라고 이름 붙인 이 과정은 매우 자주 활용된다.

반죽이 쉬는 동안, 글루텐이 부풀어 오르면서 일정한 고리 구조가 만들어지고 이것이 반죽에서 가스가 빠져나가지 않게 잡아준다. 오토리즈는 반죽하는 시간의 효율을 높여주고 반죽의 숙성을 활발하게 하는 데 걸리는 시간을 단축시킨다. 칼벨은 반죽을 그대로 둠으로써 반죽 과정이 향상되는 것을 확인했다. 시간적 여유가 없다면 단 15분만이라도 휴지기를 주는 것이 휴지기 없이 바로 하는 것보다 반죽의 효과를 높여준다.

칼벨은 오토리즈를 수치화하고 휴지기 동안 일어나는 다른 유용한 작용들을 탐구했는데, 이를테면 밀가루에 존재하면서 수분과 함께 활성화되어 글루텐의 탄력을 높여주는 효소인 프로테아제(protease)[7]의 조절 작용 같은 것이다. 탄력은 쉽게 잘 늘어나는 반죽의 능력이다. 이는 여러분의 브레드가 적절한 부피를 갖도록 하는 데 필수적이다.

1차 발효 The Bulk Fermentation

반죽이 처음으로 부풀어 오르는 것을 1차 발효라고 부른다. 이때는 반죽의 강도, 풍미, 구조가 자리를 잡는 시기이다.

밀가루는 녹말과 단백질로 구성되어 있다. 밀가루가 물과 같은 액체에 닿으면 녹말과 단백질이 수분을 흡수해서 부풀어 오르기 시작한다. 단백질은 거미줄처럼 연결된 고리를 형성하여 반죽 구조를 만드는데, 이는 1차 발효 동안 여러분이 반죽을 여러 번 잡아당기고 뒤집고 접는 과정을 통해 발달된다. 그 결과로 만들어지는 아주 작은 공기 주머니들은 내상의 기본적인 셀 조직을 이루며 1차 발효 동안 가스를 채워놓고, 굽는 동안 확장되어 속이 벌어지는 내상을 만들어낸다. 낮은 산도와 높은 수분 함량을 추구하는 이 책의 방법으로는 반죽을 용기에서 뒤집는 방식으로 반죽 구조를 만드는 동안 1차 발효를 오래 가져야 한다. 반죽을 한 번 뒤집을 때마다 반죽의 강도는 어마어마하게 증가한다. 1차 발효가 시작될 때 힘있게 뒤집다가 뒤로 갈수록 부드럽게 하는데, 이는 반죽을 팽창시키는 공기 주머니에서 가스가 빠져나가지 않게 하기 위해서다.

베이직 컨트리 브레드 반죽의 1차 발효는 반죽의 온도가 섭씨 25~27도로 유지될 경우, 약 3~4시간 뒤면 완성된다. 시간은 여러분이 원하는 대로 조절할 수 있다. 여러분의 환경이 섭씨 8~21도이고 반죽이 식었다면, 부풀어 오르는 시간이 서너 시간 더 걸린다. 일단 온도 변화의 영향을 예상할 수 있다면 여러분의 작업은 훨씬 수월해질 수 있다. 혼자서 모든 베이킹을 감당해야 했을 때, 나는 더 차가운 물을 이용해서 반죽 온도를 섭씨 1~2도 정도 낮추어 반죽했다. 이렇게 하니 1차 발효 시간이 1시간 반 정도 늘어나, 다음 날을 위한 반죽을 성형하기 전에 그날의 브레드를 굽고 다른 것을 챙기고 바구니와 헝겊들까지 깨끗하게 청소해놓을 수 있었다.

여러분은 상대적으로 같은 숙성 단계에 있는 르뱅을 계속 사용할 것이지만, 1차 발효 시간과 최종 발효 시간은 이틀이 넘어갈 정도로 꽤 길어질 수 있다. 이를 조절하는 방법은 많다. 낮 동안 1차 발효를 끝내고 밤에 최종 발효를 시킬 수도 있다. 혹은 1차 발효를 밤에 하고 최종 발효를 낮에 해 저녁 식사 전 오후에 베이킹을 할 수도 있다.

만약 섭씨 18도의 차가운 물로 반죽했다면, 1차 발효는 섭씨 13~18도에서 3~4시간 정도가 아닌 8~12시간 정도 걸릴 것이다. 여러분은 이 차가운 반죽을 잠자리에 들기 전 저녁에 반죽하면 된다. 중요한 것은 발효 과정을 대충 넘기지 말고 여러분의 편의에 맞도록 조절하는 것이다.

1차 발효는 물의 온도를 1~2도씩 높여 반죽하면 시간을 단축할 수 있지만, 최소 1시간은 발효 시간

---

7 단백질 분해 효소

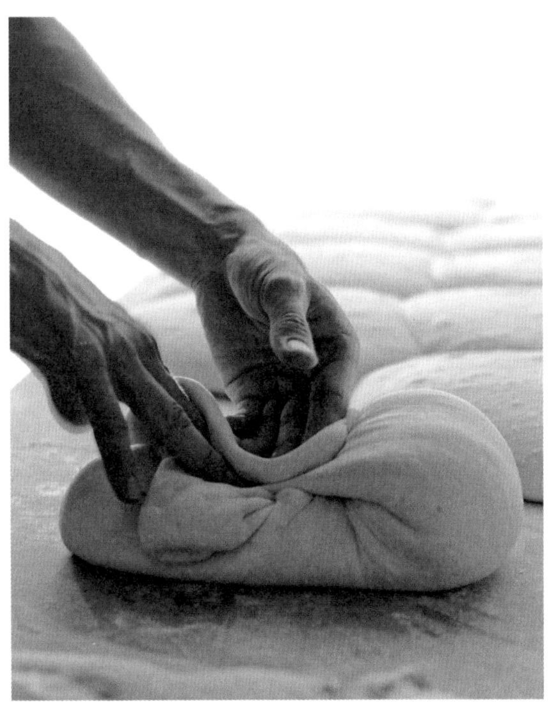

을 두는 것이 가장 좋다. 만약 1차 발효를 너무 오래 진행했다면, 발효에 필요한 연료가 너무 많이 소비되어 최종 발효는 정체될 것이다. 반죽에 존재하는 글루텐 또한 일정 시점이 지나면 산도의 증가로 활성이 둔화되기 시작하는데, 그 결과 조직은 더 탄탄해지고 훨씬 더 촘촘한 내상이 된다. 최종 로프의 부피는 작아지고 향기는 좀더 시큼해질 것이다. 이 반죽을 구우면 껍질이 훨씬 더 빨리 진해지는데, 이는 반죽 표면에 남아있는 설탕이 열기에 너무 빨리 캐러멜처럼 되고, 껍질에 무늬를 넣어줄 스코어도 잘 열리지 않아서이다. 이와 반대로 1차 발효가 짧아지면, 반죽에 가스가 부족하게 된다. 탄력이 부족하다 보니 미리 성형한 반죽은 중간 발효 동안 늘어질 것이다. 껍질의 색이 잘 나오지 않을뿐더러, 스코어도 거의 혹은 아예 열리지 않을 것이다.

1차 발효 시간이 잘 맞을 때, 성형해놓은 로프들은 자체적인 구조를 유지할 것이다. 이들을 구우면 스코어는 아주 우아하게 열릴 것이고, 손으로 굴려 성형한 형태와 로프 안에 있는 힘이 표현될 것이다.

성형과 중간 발효The Shaping and The Bench Rest

성형하기 위해 반죽을 둘로 나눌 때, 여러분은 반죽의 느낌을 가늠하고 남은 과정을 어떻게 진행할지 판단할 수 있다. "이 반죽의 강도를 높이기 위해 중간 발효 시간을 길게 주어야 할까, 탄력을 높이기 위해 두 번 성형해야 할까?" 여러분은 자신이 원하는 결과물을 고려하여 중간 발효 시간을 길게 줄지 짧게 줄지 바로 판단할 수 있다. 반죽을 나눴더니 반죽이 빨리 식었거나 반죽이 묵직하고 가스가 충분하지 않아 보이면, 실내 온도를 높이고 성형 전 숙성 시간을 더 길게 준다. 일반적으로 반죽을 너무 빨리 나누면 더 많은 시간이 들어가는데 어쩌면 15분마다 추가 성형을 해야 할 수도 있다. 시간에 쫓기지 않고 여유 있게 해야 브레드를 더 훌륭하게 만들 수 있다.

어느 날 밤, 나는 타르틴에서 장시간의 1차 발효가 끝난 베이직 컨트리 반죽을 너무 일찍 나눴다. 잠시 방심한 틈에 바다를 끼고 있는 샌프란시스코의 차가운 공기가 밀려들어왔다. 베이커리의 모든 문과 창문이 열려있는 상태에서 10분이 지나자 온도가 영하 6도로 급속히 떨어졌다. 발효는 마치 기어가는 것처럼 느리게 진행되었다. 이를 수습하려면 반죽에 중간 발효 시간을 매우 길게 줘야 했다. 나는 베이커리 옆에 있는 델피나에서 저녁을 먹고 쉬다가 한참 뒤에 로프들을 성형하기 위해 돌아왔다. 시간을 넉넉하게 준 결과, 매우 향기롭고 아름다운 로프들이 구워졌다.

로프를 너무 늦게 나눴다면, 가급적 가스가 빠져나가지 않도록 신속하고 부드럽게 반죽을 성형해야 한다. 이 경우에는 평소보다 조금 일찍 오븐에서 구워내는 것이 좋은데, 여러분의 베이킹 일정에 따라 어떤 상황에든 맞추어 조율하면 된다.

반죽의 첫 성형은 최종 성형의 구조를 형성한다. 수분 함량이 높은 반죽의 최종 성형은 긴 최종 발효 시간 동안 로프가 형태를 유지할 힘과 탄력을 발달시키는 데 결정적인 역할을 한다. 적절한 최종 성형은 스코어가 벌어지면서 껍질에 드라마틱한 '귀'를 만들어주는 데에도 필수적이다.

성형이 잘 된 로프와 빈약한 로프의 전체적인 부피는 비슷해 보여도 보기 좋게 성형이 된 브레드 위에 낸 스코어에 비해 빈약하게 성형된 로프의 스코어는 열리지 않을 것이다. 구조적인 성형은 너무나 간단하고 숙달하기까지 연습이 필요하지만, 이 기술이 있으면 여러분이 꿈꾸는 모든 브레드를 만들어낼 수 있는 자유를 누리게 될 것이다.

우리는 절도 있게 늘여접기를 여러 번 연이어 함으로써 반죽에 탄력을 더할 수 있다. 보통 많이 하는 방법은 반죽에 든 가스를 꾹 눌러 빼낸 뒤 힘껏 굴리는 것이다. 이렇게 하면 오랜 발효를 거치며 만들어진 브레드에 필수적인 풍미를 내는 가스들이 모두 반죽 밖으로 빠져나가 내상이 질겨진다. 여러분이 일단 구조적인 성형 기술을 익히기만 하면, 그에 충분한 보상이 따를 것이다.

최종 발효The Final Rise

최종 발효 시간은 다양하다. 섭씨 26도 정도의 일정하게 따뜻한 온도에서, 로프들은 3~4시간 뒤면 오븐으로 들어갈 준비가 된다. 최종 발효가 지연되지 않고 제때 이뤄지면 여러분의 브레드에서 신맛은 거의 사라지고, 밀의 향은 훨씬 더 진해진다. 사워도우 덕분에 브레드의 신선함은 오래가고 풍미는 다양할 것이다.

여러분은 반죽을 차갑게 하거나 냉장 보관해 최종 발효를 늦추는 식으로 두 가지 중요한 점을 조절할 수 있는데, 하나는 브레드를 굽는 시기이고 다른 하나는 강렬한 향이다. 최종 발효 시간이 길어지면 발효로 생기는 향들은 최고로 강렬해지고 점점 더 시큼해진다.

따라서 여러분은 다양한 선택을 할 수 있다. 그 누구도 사워도우를 썼다고는 생각하지 못할 정도로 은은한 풍미의 브레드를 만들 수도 있고 상당히 강렬한 풍미의 브레드를 만들 수도 있다.

이제 마지막 단계에 이르렀다. 견습생으로 리처드 버든과 함께 일했을 때 나는 가스 데크 오븐을 이용해서 베이킹을 시작했다. 이는 프랑스로 날아가 간접 오븐인 나무를 때는 오븐을 사용하기 진까지 한두 해 더 이어졌다. 드디어 생애 처음으로 나만의 베이커리를 오픈했을 때, 나는 나무를 때는 벽돌 오븐을 선택했다. 가능한 가장 원시적인 방법으로 브레드를 굽는 방법을 스스로 터득하고 싶었던 것이다. 거기다 심지어 반죽 믹서기를 살 형편도 못 되는 마당에 전문적인 데크 오븐은 꿈도 꿀 수 없었다.

직화 혹은 '블랙' 오븐의 경우, 불은 브레드가 구워지는 돔 모양의 오븐 안에서 발생한다. 돌덩어리로 만든 오븐에서 불은 몇 시간 동안 계속 타오르고 그 열기는 한동안 남아있을 것이다. 나무는 틈틈이 들어가고 베이킹이 이루어지는 공간에 화력이 골고루 퍼지도록 오븐 바닥에는 불이 계속 움직이고 있다. 간접 화력 혹은 '화이트' 오븐은 베이킹 공간의 바깥에 연료가 타는 공간이 따로 있고 타오르는 불꽃이 베이킹 공간에 닿게 되어있다. 블랙 오븐의 베이킹 공간 안쪽은 화력으로 인한 연기와 그을음으로 검게 변하지만, 내부가 충분히 뜨거워지면 불에 타서 모두 없어져 버린다. 화이트 오븐은 연기와 그을음을 내보내는 배출구가 있으므로, 베이킹 공간 내부가 검게 변하지 않는다.

타르틴에서는 초반에 높은 온도에서 브레드를 구운 다음 오븐을 꺼버린다. 현대식 오븐을 내가 사용했던 나무를 때는 오븐처럼 사용하는 것이다. 나무를 때는 거대한 벽돌 오븐은 직화로 강력한 열기를 만들어 저장한 다음 불이 꺼지고 점점 떨어지는 온도로 빵을 굽는다. 전도열과 조화를 이루는 복사열은 모든 열기를 골고루 퍼뜨리기 때문에, 수분 함량이 높은 반죽에 딱 들어맞았다.

포인트 레예스에서 베이커리를 할 때 우리는 앨런 스콧의 도움을 받았는데, 그는 미국에서 나무를 때는 벽돌 오븐을 만드는 것으로 유명한 제작자였다. 그가 디자인한 벽돌 오븐의 놀라운 특징은 닫힌 베이킹 공간이었다. 그 안에 로프들을 채우고 오븐 앞에 있는 작은 문을 닫으면 오븐은 완벽하게 외부와 차단된다. 수분으로 가득한 이 공간에서 브레드를 구우면, 발효는 빠르고 드라마틱하게 활성화된다. 이처럼 빠른 속도로 생성된 가스는 글루텐 구조의 벽을 밀쳐내는 스팀의 팽창과 함께 오븐 스프링을 발생시키고, 로프들의 초기 팽창을 만들어낸다. 껍질이 형성되기 전에 팽창이 더 많이 일어나도록 하는 수분 가득한 베이킹 환경은 우수한 부피와 가볍고 열린 내상을 만들어준다. 로프들의 표면에 있는 녹말은 오븐에서 구워지는 동안 촉촉한 젤라틴 같아져 껍질에 윤기를 준다. 콤보 쿠커를 이용할 경우, 한 번에 로프 한 개씩 구우면 집에서도 같은 효과를 낼 수 있다.

값비싼 현대식 데크 오븐에는 스팀 분사기가 장착되어 있다. 로프들을 집어넣기 전에 오븐 내부 전체를 흠뻑 적시기 위해서나 로프가 자체적으로 수분을 만들어내기 전 베이킹이 시작되고 처음 10~15분 동안에 수분을 충분히 공급해야 하는 만큼 데크 오븐에 스팀 분사기는 필수적이다.

주철로 만든 콤보 쿠커를 이용해 베이킹을 하면 완벽히 밀폐되고 복사열을 가진 환경을 만들어주기 때문에, 전문적인 데크 오븐을 가지고 만든 것과 동일한 결과물을 얻을 수 있다. 껍질이 만들어지게 하여 베이킹을 끝내고 뚜껑을 열어 한쪽에 둘 때까지, 로프는 스스로 완벽한 양의 스팀을 만들어낸다. 밀폐되어 스팀으로 채워진 쿠커는 가정용 오븐에 있는 베이킹 스톤에서 구운 로프보다 오븐 스프링과 스코어에서 엄청나게 더 좋은 결과물을 만들어준다. 우리가 베이킹 스톤을 이용해 테스트를 해봤을 때, 수분으로 가득한 오븐을 단단히 닫았음에도 불구하고 오븐 틈새로 스팀이 줄줄 새는 것을 관찰했다. 오븐 안에 완전히 밀폐된 또 하나의 오븐을 만들지 않는 한 일반적인 가정용 오븐에서 그러한 환경을 만들기란 불가능했다. 이를 콤보 쿠커가 하고 있는 것이다.

오븐 스프링이 이루어지고 껍질이 만들어지기 시작하면 여러분은 껍질이 잘 형성되고 서서히 캐러멜 같아지도록 뚜껑으로 덮은 쿠커를 열어 스팀을 배출해야 한다. 껍질 색이 잘 나오고 로프의 바닥에서 텅 빈 소리가 나면 비로소 베이킹은 끝난다. 로프의 내부 온도는 섭씨 100도가 될 것이다. 로프를 손에 쥐면 가벼움이 느껴지는데, 이는 상당한 수분이 다 빠져나갔다는 표시이다.

브레드를 서서히 식혀야 신선한 상태가 더 오래간다. 로프들을 가장자리끼리 맞대어 포개놓고 2~4시간 동안 식힌다. 이 과정이 반드시 필요한 것은 아니다. 브레드를 사랑하는 이들에게 오븐에서 막 나온 뜨거운 브레드를 먹는 즐거움은 매우 크다. 나는 가장 신선한 빵을 가장 신선할 때 먹는 것을 선호한다. 아니면 팬에 올리브유나 버터를 두르고 구워서 먹거나, 며칠이 지난 브레드로 만드는 4장의 레시피들 중 하나를 선택해 만들어 먹는다. 아직 따뜻한 브레드를 얇게 잘라 튀기는 것도 안은 커스터드처럼 부드럽고 겉은 바삭한 특별한 식감을 준다.

《모든 것을 먹어본 남자》의 저자인 제프리 스타인가튼은 내게 이런 질문을 한 적이 있다. "당신과 당신 친구 외의 다른 사람들이 그 빵을 먹을 수 없다면, 최고의 브레드를 만드는 것이 무슨 의미가 있지요?" 내 대답은 쉽게 나왔는데, 일단 당신만의 첫 번째 브레드를 한번 만들어보라는 것이다.

베이킹을 잘 하도록 견습생을 훈련시키는 것과 인쇄물을 이용해 누군가에게 방법을 가르치는 것은 전혀 다른 일이다. 이 책의 가장 중요한 방향이 베이직 컨트리 브레드 레시피의 효율성이라는 것을 알았기에, 에릭과 나는 친구들에게 타르틴에서 만드는 로프를 그들만의 홈베이킹으로 해석해달라고 부탁했다. 에릭은 비공개 블로그를 만들어서 내가 출간하려고 뽑아둔 자료들을 사진과 글로 변환해 올려놓았다.

우리의 프로젝트에 열성적으로 참여해줄 베이킹 체험단 12명을 선정한 다음, 우리는 그들에게 더치 오븐 콤보 쿠커를 제공하고, 첫 번째 임무가 될 사진과 글을 포스팅했다. 초기에 나는 설명을 아주 간단하게만 했는데, 스스로의 경험을 통해 자유롭게 배우고 사진을 관찰하면서 과정을 익히길 바라는 마음에서였다. 얼마 지나지 않아 사진과 개인적인 이야기, 질문들이 쏟아지기 시작했다. 그들이 꾸준한 열의로 프로젝트에 점점 몰입하면서, 생동감이 넘치는 토론의 장이 이어졌다.

기본 레시피를 바탕으로 작업을 해야 하는 것이 분명했지만, 나는 끊임없이 놀라운 결과물들을 보게 될 것이라곤 전혀 기대하지 않았다. 전문가의 눈으로 보아도 체험단 대부분이 너무나 훌륭한 브레드를 만들어냈는데, 우리가 타르틴에서 만든 브레드와 구분이 되지 않을 정도였다. 그들의 브레드는 경험도 없고 전문적인 도구들도 없이 홈베이킹을 한다는 것이 전혀 문제가 되지 않는다는 사실을 확인시켜 주었다. 분명한 것은 그들이 모두 열심히 임했고 르뱅을 만들어 자신들의 멋진 브레드를 만드는 일에 진정으로 관심이 있었다는 점이다.

체험단 중 몇몇이 그들의 일정에 맞춰 레시피를 변형하기 시작했다. 에릭과 나는 타르틴에서 일하는 베이커 리더인 네이트 얀코(Nate Yanko), 신참내기 로리 오야마다(Lori Oyamada)와 더불어, 이 책에 들어갈 다른 레시피들을 조합하고 테스트하기를 계속하면서 동시에 매일 우리가 생산해야 하는 브레드를 만들고 있었다. 블로그를 제대로 운영할 시간이 없었던 탓에 우리의 체험단은 스스로 알아서 할 수밖에 없었다. 몇 달이 지나서 그들과 다시 연락을 주고받았을 때, 그들은 자신의 방식대로 베이킹을 하면서 인상적인 결과물들을 만들어내고 있었다.

우리가 친구들에게 이 책에 관련된 프로젝트를 이야기할 때쯤, 그들의 경험은 점점 강력한 반향을 불러오고 있었다. 한 번도 베이킹을 해본 적이 없던 대학원생은 다른 베이커리에서 파는 것보다 더 좋은 브레드를 만들었다. 전직 셰프이자 열렬한 홈베이커는 그가 사실상 포기했던 결과물을 얻었다. 처음으로 레스토랑을 운영하는 어떤 오너는 브레드를 사는 대신 직접 만들어 손님들에게 내기로 결심했다.

우리의 체험단은 그들이 가진 경험이나 시간에 상관없이 훌륭한 브레드를 집에서도 얼마든지 만들 수 있다는 것을 증명했다. 그들은 과정을 거치면서 혁신했고, 우리 모두는 덕분에 더 좋은 베이커가 되었다.

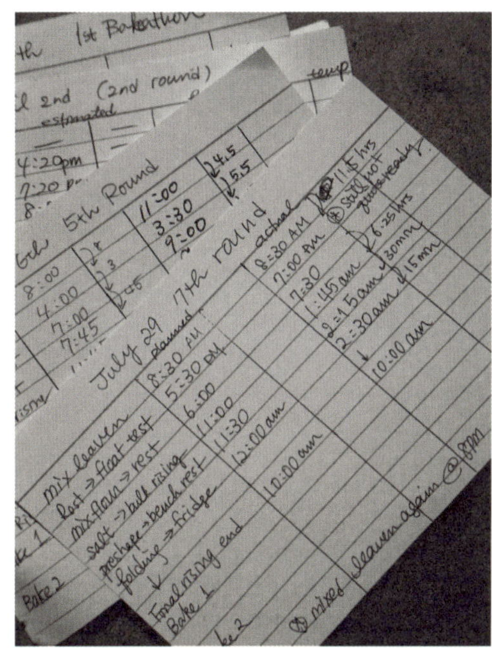

마리Marie:

격주로 돌아오는 금요일마다, 타르틴에서는 아코디언 연주자와 그녀가 속해있는 트리오의 멋진 음악을 즐길 수 있다. 마리는 따뜻한 미소와 매력적인 성품의 소유자로, 우리가 그녀에게 제안하는 말을 다 마치기도 전에 체험단에 지원했다. 그녀는 단 한 번도 베이킹을 해본 적이 없는 대학원생이자 뮤지션이었다.

마리는 자신의 '베이킹 모험'을 즉시 시작했고, 자신의 경험을 자세히 포스팅했다. 그녀는 스타터를 만들면서 초반에 들인 노력에 대해, 마치 어떤 사람을 처음 알아가는 과정과 비슷하다고 묘사했다. 그녀는 처음에 베이킹이 '낯설었다'고 고백했다. 마리는 일주일 동안 브룩클린으로 투어를 가는 길에 스타터를 들고 가서, 밤에는 공연을 했고 웨스트 코스트로 돌아온 이틀 뒤에 생애 첫 로프를 구웠다.

그녀는 또한 자신만의 심플하고도 효과적인 방법도 찾아냈다. 인덱스 카드에 세로 줄을 그어 다섯 칸으로 자신만의 차트를 만든 것이다. 첫 칸은 베이킹 단계들을 적고, 둘째 칸에는 기본 레시피를 바탕으로 각 단계별 걸리는 시간을 측정해놓았으며 셋째 칸에는 예상 시간을, 넷째 칸에는 실제 시간을, 그리고 마지막 다섯째 칸에는 단계별 실내/오븐 온도를 적었다. 그녀가 만든 차트는 베이킹을 할 때마다 정말 편리한 도구가 되었다. 그 덕분에 마리는 미리미리 베이킹 일정을 세우고, 아침이든 오후든 원하는 시간에 반죽할 수 있도록 자신의 하루를 조정할 수 있었다. 차트에 단계별 시간과 현재의 조건들을 적어 파악하고 나면 자신의 일정에 맞춰 가장 적당한 시간에 베이킹 단계들을 조절하는 식이었다. "이 방법은 내가 심부름을 하고, 달리기도 하고, 논문을 수정할 시간도 갖게 해줬는데, 만약 베이킹을 하지 않았다면 그냥 지나갔을 날들이 너무나 생산적으로 채워지게 해주었죠."

우리가 마리를 만나기 위해 그녀의 집으로 찾아갔을 때, 그녀는 이미 여덟 번의 베이킹을 한 상태였다. 그녀의 브레드가 매우 잘 나왔음에도 불구하고, 그녀는 실제 시간이 예측 시간과 맞지 않다는 것을 깨달았다. 다행히 그녀는 모든 것들이 꼼꼼하게 기록된 카드를 갖고 있었다. 카드들을 보면서 우리는 그녀의 놀라운 발전과 성장을 확인했다. 처음에 그녀는 주변 온도를 조절하는 것에 매우 엄격했고, 모든 과정이 예측에 매우 근접하게 맞아떨어졌다. 네 번째 베이킹 이후, 실내 온도가 들쑥날쑥해지면서 실제 시간은 예측 시간에서 몇 시간이 어긋날 정도로 일정하지 못했다.

이를 실패로 바라보는 대신 우리는 그녀 안에 잠재된 진짜 베이커의 본능을 발전시킨 계기로 보았다. 그녀는 숫자에 의존하기보다 반죽에 대응하고 있었다. 처음 몇 번의 베이킹은 그녀에게 무엇을 찾아야 하는지 알려주었다. 그 이후 실내 온도가 낮아지자 그녀는 베이킹을 서두르기보다 1차 발효 이후 숙성 시간을 늘리며 기다렸다.

마리는 이제 스타터를 집에 두고 여행을 떠나도, 다녀와서 베이킹을 계속하는 데 전혀 문제가 없는 실력에 이르렀다. 그녀는 어떤 상황에서든 대처할 수 있는 추가적인 경험과 정보들이 적힌 카드를 갖고 있다. 그 덕에 그날 일정에 따라 시간을 늘리거나 줄일 수 있도록 1차 발효가 진행되는 동안 주변 온도를 조절한다. 그녀는 자신이 만든 브레드를 친구들과 나눠 먹는 것도 사랑하지만, 그녀가 가장 고대하는 것은 브레드가 식을 때 뜨거운 껍질이 갈라지며 내는 아주 희미한 소리, 곧 브레드의 '노래'이다.

마크mark:

우리가 고안해낸 방법을 초보자들도 따라 할 수 있음을 마리가 보여줬다면, 마크는 훨씬 숙련된 베이커들을 위해서도 이것이 유용하다는 증거가 되어주었다. 그는 20대 초반에 베이커리에서 일했던 적이 있고, 그 이후로 관련 서적들을 탐독했다. 꼼꼼하고 겸손하면서 유머 감각까지 갖춘 '괴짜'인 마크는 그의 강한 직관에 따라 우리에게 세부적인 점들을 끊임없이 질문했다. 우리는 그에게 콤보 쿠커를 보냈고 사진에 나와있는 그대로 만들어보게 했다.

마크는 도넛에 대한 끈질긴 열정으로 몇 년간 홈베이킹을 해왔는데, 그의 집에서도 타르틴의 브레드를 만들 수 있다는 것에 대해 부정적이었다. 그가 베이킹한 초기의 로프들은 놀라울 만큼 훌륭했고, 베이직 컨트리 레시피는 그의 예리하고 통찰력 있는 질문들로 인해 더 좋아졌다.

우리는 마크와 함께 베이킹하기 위해 세바스토폴에 있는 그의 집을 찾아갔다. 그는 전통 베이킹 방식을 고수하며 세부적인 사항들에 엄격한 사람이다. 그는 오븐을 프루프 박스(54쪽 참조)로 이용함으로써 1차 발효 시간 동안 주변의 온도를 조절했다. 뜨거운 물을 넣은 냄비를 사용하는 대신, 그는 베이킹 스톤을 달구기 위해 30분마다 몇 분씩 오븐을 작동시킨다. (그는 지금까지 단 한 번도 오븐을 작동시킨 다음 알맞은 시간에 끄는 일을 잊은 적이 없다고 한다.) 그는 반죽의 반을 피자에 이용하며 나머지 반은 브레드를 만들기 위해 사용하는데, 둘 다 같은 날에 굽는다.

"집에서 내 손으로 이런 브레드를 만들고 있다는 것이 믿기지 않아요. 한 입 먹어보고 나는 이렇게 말했죠. '이건 진짜 브레드 같은 맛이잖아.' 나는 적당한 브레드용 오븐에서나 가능한 내상과 껍질의 브레드를 집에서 만드는 시도에서 항상 좌절했습니다. 전통적인 홈베이킹 방법에 한계가 있었다는 것을 깨닫고, 새로운 믿음(내가 제공해준 아주 많은 방법들과 함께)을 받아들였습니다."

"여러분이 나를 도와줬던 부분은 내가 만든 스타터를 다루는 기술을 더 깊이 이해할 수 있도록 해준 것입니다. 스타터는 말 그대로 브레드의 심장이자 정신, 생명이기 때문에, 나머지 부분들은 살아있는 반

죽이 창조될 때까지 장식에 불과해요. 나는 주철로 베이킹하는 방법에 대해 읽은 적이 있었는데, 여러분의 반죽은 그 방법대로 만들고 구웠던 이전의 반죽보다 훨씬 좋은 결과를 가져옵니다. 그러니까, 분명히 이 방법 안에 마법이 있어요."

이 이야기 끝에, 대화는 다시 도넛으로 되돌아갔다.

데이브Dave:

우리는 서퍼이자 아티스트이며, 몇 년 동안 바텐더로 생계를 꾸리고 있는 데이브를 물속에서 만났다. 그와 그의 아내는 작은 카페를 열고자 서너 달 전부터 준비하고 있었는데, 그곳은 리즈와 내가 휴식차 자주 방문했던 오션 비치에서 겨우 한 블록 떨어진 곳이었다. 그는 최근에 버려져 아무것도 없는 레스토랑 공간을 임대했다. 데이브는 저축해놓았던 모든 돈을 카페에 쏟아부었고, 재정이 여유롭지 않은 상황을 이해하고 그날그날 수익에 따라 급여를 받기로 한 직원 몇 명을 고용했다.

데이브는 혼자서 직접 카페를 리모델링하고 수리했다. 그는 캘리포니아 북부 강가에 떠다니는 나무로 아름다운 모자이크 무늬를 만들었다. 목재를 자르는 방법을 배워두었던 그는 찢어져 난파된 삼나무 울타리 판자를 이용해 카페 벽 전체에 패널을 붙였다. 무엇이든 자신의 손으로 직접 하는 사람이었지만, 데이브는 주방에서만큼은 그의 한계를 알고 있었다. 그는 자신의 레스토랑에서 셰프가 될 수는 없었지만 음식을 만들어내는 일을 하고 싶어했고, 브레드를 만들고 싶다고 언급했다.

카페를 오픈할 즈음 그의 아기가 출산될 예정이었기 때문에, 나는 데이브가 모든 것을 한꺼번에 감당하기에는 너무나 부담스러울 것이라 생각했다. 하지만 그의 동기가 확고했기에, 나는 경험이 전혀 없는 데이브가 짧은 시간 안에 좋은 빵을 만들 수 있도록 간단한 레시피를 고안했다.

나는 2.3kg의 밀가루를 주고 스타터를 만드는 방법을 설명해주었다. 그에게 우리 체험단의 블로그를 소개해주고 궁금한 것은 무엇이든 전화로 물어보라고 이야기했다. 아무런 소식 없이 서너 달이 지나간 끝에, 우리는 베이커리로 걸려온 전화 한 통화를 받았다. "가게를 오픈한 지 3개월이 흘렀는데 사람들이 브레드에 완전 빠져있어요! 여러분은 언제 와줄 수 있죠?"

그 전화를 받고 약 두 달 뒤, 에릭과 나는 데이브를 만났다. 그는 귀여운 딸아이의 아빠가 되어있었고 레스토랑은 손님들로 꽉 차있었으며, 심지어 밖에 있는 의자에도 사람들이 잔뜩 앉아 대기 중이었는데, 그가 만든 빵이 모든 테이블 위에 있었다. 데이브의 브레드는 몇 년 전, 프랑스 보르도에서 전해 들은 '경이로운 베이커'의 시골스럽고 투박한 브레드를 떠오르게 했다. 내상은 스펀지처럼 폭신했고 촉촉했다. 그리고 어린 스타터로 장시간 발효해야만 얻을 수 있는 균형 잡힌 산도를 갖고 있었다. 우리가 추구하는 많은 특징이 살아있었음에도 그의 브레드는 독특했고, 데이브의 작은 카페에 매우 잘 어울렸다.

에릭은 그날 밤, 데이브의 베이킹을 지켜보기 위해 머물렀다. 몇 달간 그는 내가 알려준 것에서 완전히 벗어난 방법으로 베이킹을 하고 있었다. 의도적으로 그런 것이 아니라, 오히려 그는 내가 알려준 방법대로 하고 있다고 생각하고 있었다. 사실 그는 내가 알려준 레시피를 딱 한 번 읽었다고 고백했다.

우리는 그의 일정에 한계가 있다는 것과, 도구를 완전히 다르게 활용해야 할 상황에 놓여있다는 것을 볼 수 있었다. 그에게는 커다란 오븐이 없었고(자유롭게 만드는 로프는 잊어라), 큰 냉장고도 없으며(반죽을 지연시키는 방법은 잊어라) 심지어 믹서기도 없었다. 그에게 있는 것이라곤 저녁 손님을 받은 이후 겨우 나는 서너 시간의 자유 시간과 6개의 버너가 달린 스토브 아래에 있는 컨벡션 오븐 하나로, 오븐의 뚜껑은 매일 40개의 로프들을 구워내느라 고장 나 있었다.

데이브는 베이킹 일정을 구상할 만한 노하우를 갖고 있지 않았음에도 불구하고, 자신이 처한 상황에 이를 어떻게든 적용했다. 그는 점심 시간과 오후 5시 무렵 시작되는 저녁 시간 사이에 르뱅을 만들었다. 그런 다음, 저녁 손님이 빠지는 서너 시간 이후에 반죽을 했다. 15분마다 78%의 수분이 함유된 반죽을 계속 뒤집으며 숙성시켰다. 반죽을 나누고 성형하기 전, 겨우 1시간 정도의 1차 발효를 거친다. 그다음 30분간의 중간 발효 시간 동안 설거지와 청소까지 마무리했고, 마침내 중간 발효가 끝난 반죽으로 그는 로프들을 성형해 올리브 오일을 골고루 바른 금속 팬에 놓았다. 면도칼로 로프 위에 칼집을 낸 다음, ("여러분은 이것을 굽기 직전에 한다고요?") 그는 팬에 담긴 로프들을 밤새 숙성시켰다. 그리고 종종 짧은 서핑 전이나 후인 다음 날 아침 7시에 브레드를 구웠다.

그가 이전에 내게 물었다면 나는 다른 시스템을 조언해줬을지도 모르겠다. 그러나 증거는 그가 만든 결과물에 있었다. 데이브의 브레드는 아주 훌륭했으며 그의 환경에 완벽하게 들어맞는다. 그런데 어떻게 그것이 가능했을까?

데이브는 심지어 충분한 크기의 오븐도 없어서 자유로운 모양의 로프를 구울 수 없다. 그래서 이용한

로프 팬이 운이 좋은 우연의 일치로 그의 발효 일정을 성공적으로 만들어준 핵심이 되었다. 그는 저녁 시간이 끝날 때까지 브레드를 전혀 만들 수 없었기 때문에, 반죽은 겨우 한 시간 정도의 1차 발효를 거친다. 그가 반죽을 나누고 성형할 무렵 반죽은 아직 활동성이 없는 상태이다. 만약 1차 발효 기간 동안 발달한 탄력이 오랜 최종 발효 동안 반죽의 형태를 잡아주어야 하는 자유로운 모양의 로프였다면 완전히 망했을 것이다.

하지만 데이브는 반죽의 탄력 부족을 걱정할 필요가 없었는데, 로프 팬이 굽는 동안 반죽을 지탱해주기 때문이다. 그는 1차 발효를 오래 할 수 없고, (그래서 그는 자정 무렵에 성형을 마친다.) 그래서 그는 실온(약 섭씨 18도)에서 팬에 담긴 반죽을 그대로 둔 채 오랜 숙성 시간을 가지며 보완했다. 만약 그가 기본 레시피에 따라 '적절한' 1차 발효를 거쳤다면, 데이브의 브레드는 밤에 오븐에 들어갈 준비가 된다. 이를 막기 위해서는 발효를 지연시켜야 할 것이지만, 그의 작은 카페에 있는 냉장고에는 브레드 반죽들을 모두 넣을 공간이 없다.

이런 방식 덕분에, 데이브는 짧은 시간 안에서 역동적으로 작업 시간을 줄일 수 있었다. 밤새도록 팬에 담긴 반죽이 긴 숙성 시간을 갖도록 내버려두면, 그다음 날 아침 그가 일어났을 때 로프들은 구워질 준비가 된다. 그의 브레드는 밤새 레스토랑의 실온에서 숙성된 것이다. 여기서는 어린 스타터가 핵심이다. 데이브가 만약 어린 스타터를 사용하지 않았더라면 그의 브레드는 입에 댈 수 없을 정도로 시큼하고 뻑뻑하게 나왔을 것이다.

데이브의 브레드는 이웃들 사이에서 소문이 자자한데, 이는 그 자신을 깜짝 놀라게 한 진정한 발전이 아닐 수 없다. 그가 만든 브레드를 먹고 흥분한 손님이 그에게 대체 얼마나 오래 베이킹을 해왔는지 물어본 이야기를 그는 유머스럽게 들려주었다. "난 이런 질문을 하는 손님들에게 나도 내가 지금 뭘 하고 있는지 모른다고 말하고 싶어요."

브레드는 비록 작은 부분이지만 데이브가 넓혀가려는 사업 비전을 위해서는 꼭 필요한 부분이기도 하다. 하루에 15시간을 일해도, 그는 행복하다. "제 인생 처음으로, 어떤 일을 하면서 내 자신과 타협하지 않아도 되니까요. 나는 내 양심에 완벽하게 맞는 일을 하고 있습니다. 이 레스토랑에서 내가 떳떳하게 자랑하지 못할 곳은 하나도 없어요." 그는 그의 아내와 딸아이를 바라본다. "물론 그냥 윤리적인 이유로 일을 하는 것은 아니지요. 제가 이렇게 열심히 일을 하는 이유는 우리 자신과 긴밀하게 연결된 것들이 존재하기 때문입니다. 우리가 아는 사람들과 이웃들에 들러싸여 있잖아요. 레스토랑, 브레드… 이것들은 우리 자신의 확장형이면서 우리가 되고 싶은 정직한 묘사입니다."

자유 시간이 거의 없다는 것은 그가 진정으로 하고 싶은 일들을 가장 먼저 하고 있음을 의미한다. "내 꿈은 매일 서핑을 하고 가족과 행복한 시간을 보내고 친구들과 함께 일을 하며 보람찬 하루를 보내는 것이에요."

베이직 컨트리 브레드의 응용 VARIATION ON BASIC COUNTRY BREAD

나는 십 년 넘게 혼자 일하며 매일매일 장작을 패고 오븐을 달구고 손으로 반죽을 했다. 일찍이 베이크 숍을 혼자서 꾸려가는 동안, 각각 다른 단계로 발효를 거치는 다양한 반죽을 일일이 질 높게 완성해내기란 불가능하다는 것이 분명해졌다. 양질을 유지하려면, 일의 과정을 아주 간단하게 만들어야 했다. 그래서 반죽은 하루에 한 번 많은 양을 준비한 다음 풍미를 낼 재료들을 첨가했으며, 나의 단골 손님들에게 제공하기 위한 다양한 모양을 만들어 그들이 선택하도록 만들었다.

모든 브레드는 베이직 컨트리 반죽을 이용한 것들이다. 반죽에 재료들을 첨가하는 과정은 모두 동일한데, 1차 발효 기간에 일반적으로 첫 번째 뒤집기를 한 다음이다. 반죽이 다 부서지는 것처럼 느껴져도 걱정하지 않아도 된다. 몇 분 정도 쉬고 난 다음 다시 뭉치면 정상적인 반죽 상태로 돌아올 것이다.

베이직 컨트리 브레드 반죽의 레시피 하나는 로프 두 개를 만드는 분량이니, 그것만으로 충분할 것이다. 여러분이 만약 하나의 반죽으로 두 종류를 만들고 싶다면, 반죽을 한 번 뒤집은 다음 반으로 나누고 각 반죽에 재료를 추가하면 된다. 물론, 얼마나 추가할지는 여러분의 취향에 맞추면 된다.

올리브Olive

타르틴에서 우리는 그린 올리브와 오일에 푹 재운 블랙 올리브를 섞은 재료를 넣어 만드는 브레드를 좋아한다. 사실 나는 오직 토스카나 지방의 루카(lucques)에서 생산되는 그린 올리브만을 고집했다. 여기에 소개하는 올리브 브레드는 개인적으로 가장 좋아했던 것으로, 우리가 생산했던 브레드에 필요한 양만큼 올리브들의 단단한 씨들을 발라내려면 몇 시간이 걸리곤 했다. 다양한 올리브들을 맛보고 가장 좋아하는 올리브를 선택한다. 밀 밸리에서 내가 처음으로 시도했던 또 다른 응용은 볶은 호두나 헤이즐넛을 올리브와 허브와 섞어 만든 브레드였다. 많은 풍미를 느낄 수 있는 브레드인데, 여기에 신선하고 톡쏘는 염소 치즈, 잘 익은 무화과나 감, 채소를 곁들여 먹으면 훌륭한 한 끼 식사가 된다.

로프 2개 만들기:
씨를 발라내고 듬성듬성 자른 올리브 3컵
볶아서 굵게 자른 호두 혹은 헤이즐넛 2컵 (선택 사항)
말린 허브 드 프로방스(herbes de Provence) 2tsp
레몬 1개분의 제스트
베이직 컨트리 브레드 반죽 레시피(47쪽)

볼에 올리브와 견과류(사용한다면), 허브 드 프로방스와 레몬 제스트를 모두 넣어 골고루 섞는다. 5단계 (56쪽 참조)에서 반죽을 처음 뒤집은 다음, 이 재료들을 추가하고 물을 약간 넣어 촉촉하게 만든다. 손으로 재료들을 잘 섞어주고, 1차 발효를 완료한다.

참깨Sesame

진하게 구운 참깨는 브레드에 예측할 수 없는 깊은 풍미를 가져온다. 반죽에 참깨를 잘 섞어주면 참깨 향은 자연 발효 향과 섞이면서 더욱 강해진다. 그리고 그 향은 오븐에서 굽고 나면 더 그윽해진다. 이 브레드는 베이직 컨트리 브레드 대신 쓸 수도 있고, 기대하지 않았던 자리에 더 잘 어울리기도 한다. 구운 치즈 샌드위치, 땅콩 버터와 젤리 샌드위치, 토스트 위에 올린 스테이크와 달걀프라이, 그리고 판 콘 토마테(Pan con Tomate, 199쪽)[8]와 같은 메뉴에서 말이다.

로프 2개 만들기:
탈곡하지 않은 참깨 1컵
베이직 컨트리 브레드 반죽 레시피(47쪽)

오븐을 약 섭씨 204도로 예열해놓는다. 테를 두른 베이킹 시트에 참깨를 잘 펼쳐놓는다. 10분 정도 구운 다음 오븐에서 꺼내고, 테두리 근처에 있는 참깨들이 가운데보다 색이 진해져있을 테니 위치를 바꿔준다. 전체적으로 잘 구워질 때까지 10~15분 정도 참깨를 더 굽는다. 20분 동안 베이킹 시트에서 식힌다.

　5단계(56쪽)를 따라 반죽을 처음 뒤집은 다음, 식은 참깨를 넣고 약간의 물을 뿌려 촉촉하게 만든다. 손으로 참깨들이 반죽에 쏙 들어가도록 누른다. 1차 발효를 마친다.

8　스페인 음식 중 하나로 토마토를 올린 빵

호두Walnut

호두 브레드는 베어 물 때마다 호두가 씹혀야 한다. 품질이 좋은 유기농 호두를 넣은 브레드는 비싸긴 해도 그만한 가치가 있다. 호두는 그 자체의 풍미를 강화시키기 위해 굽는다. 호두에 있는 탄닌산은 반죽에 보랏빛 무늬를 만든다. 취향에 따라 호두 오일을 혼합해도 좋은데, 고급 호두 오일 2Tbsp만으로 호두 풍미는 매우 진해진다.

로프 2개 만들기:
호두 3컵
베이직 컨트리 브레드 반죽 레시피(47쪽)

오븐을 약 섭씨 218도로 예열해놓는다. 테를 두른 베이킹 시트에 호두를 펼쳐놓는다. 5분마다 뒤섞으면서 약 15분 동안 골고루 굽는다. 호두를 쪼개보면 잘 구워진 호두의 안쪽은 옅은 캐러멜 색에 바깥쪽은 살짝 어두운 색이 되어있다. 20분 동안 완전히 식힌다. 호두를 반으로 자르거나 원하는 크기대로 잘게 자른다.

5단계(56쪽)에서 반죽을 두 번째로 뒤집은 다음, 호두를 반죽에 넣고 물을 뿌려 촉촉하게 만든다. 손으로 호두가 반죽에 쑥 들어가도록 누른다. 1차 발효를 완료한다.

폴렌타 Polenta

조리했거나 뜨거운 물에 불린 곡물이라면 무엇이든 베이직 컨트리 브레드 반죽에 넣을 수 있다. 버크셔에 있는 버든의 베이커리에서 굵직굵직한 불린 폴렌타로 만들었던 첫 번째 폴렌타 브레드는 초기 버클리 파머스 마켓에서 판매할 당시 가장 잘 나가던 품목이었다. 볼리나스 피플(Bolinas People) 상점, 토비의 피드 반(Toby's Feed Barn), 토말스 베이 푸드(Tomales Bay Foods), 만카의 인버니스 숙소(Manka's Inverness Lodge), 버클리 파머스 마켓은 오랜 시간 우리의 작은 사업을 지탱해주었다.

반죽에 넣기 전에, 굵은 폴렌타를 끓는 물에 담가놓는다. 폴렌타는 브레드의 내상에 커스터드 같은 질감을 더해주고, 황금색의 옥수수 기름에서 나온 옥수수 향이 풍미를 더욱 깊게 한다. 구운 호박씨와 신선한 로즈메리가 이 브레드의 특징을 잘 보완한다.

호박씨 1컵
폴렌타 1컵
끓는 물 2컵
정제되지 않은 옥수수 기름 3Tbsp
잘게 썬 신선한 로즈메리 1Tbsp
베이직 컨트리 브레드 반죽 레시피(47쪽)

오븐은 약 섭씨 204도로 예열해둔다. 테를 두른 베이킹 시트에 호박씨를 펼쳐놓는다. 호박씨들이 탁탁 터지며 연한 녹색에서 갈색으로 변할 때까지, 5분마다 골고루 뒤섞으면서 약 10분 동안 굽는다. 20분 동안 식도록 내버려둔다.

볼에 폴렌타와 끓는 물을 넣고 저어준 뒤, 30분 동안 혹은 완전히 식을 때까지 한쪽에 놓아둔다. 옥수수 기름, 로즈메리, 호박씨를 폴렌타에 넣고 저어준다.

5단계(56쪽)에서 반죽을 두 번째로 뒤집은 다음, 폴렌타와 섞은 재료들을 반죽에 넣고 물을 뿌려 촉촉하게 만든다. 손으로 모든 재료들이 반죽에 잘 들어가도록 누른다. 1차 발효를 완료한다.

피자Pizza

베이커리의 브레드 교대 근무에서 최종 성형이 끝날 무렵, 베이커들이 가장 마지막으로 퇴근한다. 우리는 가끔 반죽을 조금 떼어내 위층 아파트로 가져가 저녁으로 먹을 피자를 만들어 먹는다. 아파트에 있는 것은 온도 조절 장치는 망가졌고 그릴 선반만 있는 낡은 가스 오븐이지만, 그것이 있어서 참 다행이다. 작동이 잘 되는 열선은 피자를 굽는 데 문제가 없고, 그 위에는 테라코타 타일이 있어 오븐은 3분 만에 잘 익은 파이를 완성해낸다. 일단 좋은 브레드 반죽과 아주 뜨거운 베이킹 스톤만 있으면, 여러분도 결국 맛있는 피자를 맛보게 될 것이다.

쐐기풀Nettle

피자용 나무 주걱(pizza peel)과 최소 30cm 이상의 정사각형 베이킹 스톤이나 세라믹 타일이 필요하다.

피자 1개 만들기:
베이직 컨트리 브레드 반죽(47쪽) 400g
더스팅용 옥수수 가루
더스팅용 다목적용 밀가루

토핑

신선한 쐐기풀 잎 6컵

헤비 크림(heavy cream) 1/2컵

홍고추 플레이크

소금

1.3cm 큐브 모양으로 잘라놓은 모차렐라 치즈 약 57g

1.3cm 큐브 모양으로 잘라놓은 폰티나(fontina)[9] 치즈 약 57g

58쪽에 있는 6단계대로, 반죽을 나눠 각각의 무게가 400g이 되는지 확인한다. 각각의 반죽을 성형하고, 하나를 작업대 위에 놓고 30분 동안 쉬게 한다.

그 사이, 오븐 중간에 있는 랙만 남겨두고 다른 랙들을 모두 빼놓는다. 랙 위에 베이킹 스톤을 올린다. 가장 높은 온도(약 섭씨 260도)로 설정하고 15분 동안 베이킹 스톤을 완전히 달군다.

오븐이 뜨거울 때, 피자용 나무 주걱에 약간의 옥수수 가루를 뿌린다. 이 과정은 피자 반죽이 주걱에 달라붙지 않고, 나무 주걱에서 베이킹 스톤으로 잘 옮겨질 수 있게 해준다. 밀가루를 둥근 반죽 위에 뿌려 더스팅하고, 밀가루를 뿌린 부분이 주걱 바닥에 닿게 해 나무 주걱으로 옮긴다.

약간의 밀가루를 반죽에 좀더 뿌린다. 반죽 가장자리에서 1.3cm 정도 안쪽 지점을 손가락으로 꾹꾹 눌러 피자 테두리를 형성한다. 반죽을 들어 가운데를 손등 위에 올린다. 다른 한 손의 손등으로 반죽을 가운데부터 늘어나도록 쭉쭉 펼친다. 손등을 중심으로 반죽을 돌리고, 중력의 도움을 받아 반죽을 반반하게 편다. 충분히 늘어나면 피자 반죽을 나무 주걱 위에 올려놓는다. 반죽이 찢어지거나 구멍이 났으면 그 부분을 눌러 잘 막아준다. 지름은 베이킹 스톤보다 반드시 더 작아야 하지만, 이는 어느 정도 두께의 피자를 원하느냐에 따라 달라진다.

토핑을 만들기 위해 쐐기풀을 다룰 때는 손이 찔리지 않도록 집게를 이용한다. 볼에 크림과 약간의 홍고추 플레이크, 소금을 쐐기풀과 함께 넣고 잘 섞어준다. 반죽 전체에 치즈들을 뿌리고 그 위에 쐐기풀을 잔뜩 올린다. 굽는 동안 쐐기풀은 푹 주저앉으므로 여러분이 생각한 것보다 더 많이 올려도 된다.

나무 주걱을 살짝 흔들어, 반죽이 쉽게 나무 주걱 위에서 미끄러지는지 확인한다. 만약 주걱에 딱 붙어서 떨어지지 않는다면 반죽 아래에 스패출러를 넣어 들어올린 뒤, 옥수수 가루를 반죽 밑에 좀더 뿌린다. 오븐 뚜껑을 열고 베이킹 스톤의 가장 먼 곳까지 나무주걱의 가장자리가 닿도록 한다. 나무 주걱을 흔들어 피자를 베이킹 스톤에 내려놓고 오븐에서 꺼낸다.

오븐의 뜨거운 정도에 맞추어 4~8분 정도 굽는다. 피자 바닥에 까맣게 탄 자국이 있는지 확인하는데, 이는 반죽이 완전히 익었다는 뜻이다. 다 익었으면, 나무 주걱을 반죽 아래로 밀어넣어 피자를 올리고 오븐에서 꺼낸다. 도마에 완성된 피자를 올려놓고 잘라 내놓는다.

---

9 이태리산 젖소의 우유로 만든 치즈

마르게리타 피자 Margherita Pizza

피자 마르게리타는 부족한 듯 완벽하게 균형 잡힌 토핑이 일품인 클래식한 나폴리안 피자이다. 전통적으로 뜨겁게 지글대는 나무 화덕 오븐에서 구워내는데, 반죽에 토마토 소스 한 스푼을 바른다. 신선한 모차렐라 치즈를 손으로 찢어 위에 뿌리고, 불이 타오르는 섭씨 482도의 오븐에 넣어 굽는다.

2분이 되기도 전에 피자는 완성되는데, 바깥 둘레는 까맣게 탄 자국과 함께 붉게 익는다. 토마토 소스와 치즈가 지글거리는 동안, 신선한 바질 잎을 따서 흩어 뿌린 뒤 마무리한다. 매운맛을 위해 칠리 오일을 피자 위에 살짝 뿌리거나 엑스트라 버진 올리브 오일을 뿌려 진한 향을 내도 좋다. 이 같은 완벽한 심플함은 전 세계에서 사랑받는 피자의 아이콘이 되었다.

여기에 우리는 좀더 맛있게 구워주는 오븐을 쓴다. 우리의 이웃이자 피자라면 자다가도 벌떡 일어나는 제프 크룸펜(Jeff Krumpen)이 휴대용 웨버(Weber)[10] 홈 그릴을 나무를 때는 피자 오븐으로 개조하고는 '프랑켄 웨버(Franken Weber)'라는 애정 어린 별명까지 붙였다.

그가 주변에 있을 때 우리는 그의 도구를 쓰는 것을 좋아한다.

10 미국의 유명한 그릴 전문 회사

감자 포카치아 Potato Focaccia

이 감자 플랫 브레드를 처음 맛본 건 아주 오래전, 뉴욕 소호에 있는 설리반 스트리트 베이커리(Sullivan St. Bakery)에서였는데, 오븐에서 막 꺼내 뜨거웠지만 너무나 맛있었다. 그와 비슷하게 만들어보려는 시도 끝에, 나는 집에서 이 브레드를 완성했다. 감자를 소금에 묻혀 물기를 뺀 다음, 물기가 빠져나간 자리를 향기로운 올리브 오일로 채우면 오븐에 구운 감자 토핑의 풍미가 더욱 풍성해진다.

여기에 소개한 레시피는 버클리 파머스 마켓에서 팔았던 브레드 중 내가 가장 좋아하는 레시피이다. 당시 나는 포카치아 하나와 치즈 보드의 피자 한 조각을 바꿔 먹곤 했다. 베이커리 식구들과도 한 끼 식사로 종종 이 플랫 브레드에 그때그때 있는 재료들을 넣어 먹는다. 콩코드 포도와 프로마주 블랑 치즈, 스위트피와 애호박, 옥수수와 파드론 페퍼를 올리는 식이다.

이 브레드를 만들려면 피자를 위한 신선한 반죽을 쓰거나, 냉장 보관해 밤새 숙성을 지연시킨 반죽 일부를 떼어 써도 된다. 베이커리에서 우리는 밤새 발효된 반죽들이 잔뜩 담긴 랙에서 하나를 꺼낸 다음, 이를 쭉쭉 늘려서 토핑들을 위에 올리고 굽는다.

포카치아 1개 만들기:
베이직 컨트리 브레드 반죽 레시피(47쪽)
유콘 골드(Yukon gold)[11] 같은 점성이 많은 감자 1.4kg
소금 1 1/2tsp
신선하게 간 후추
올리브 오일 1/2컵
신선한 타임 허브 한 다발에서 뜯은 잎들
페코리노(pecorino) 치즈 1.4kg

신선한 반죽을 사용해서 만든다면, 58쪽의 6단계를 따라 반죽을 성형한다. 30분 동안 작업대에 그대로 놓고 반죽을 쉬게 한다. 냉장고에서 꺼낸 반죽을 사용하는 경우라면, 먼저 실온에 30분 정도 두었다 시작한다.

만돌린(mandoline)[12]을 사용해 감자를 가늘고 반투명한 슬라이스로 자른다. 소쿠리에 넣고 소금을 뿌린다. 20분 동안 그대로 두면 감자의 물기가 빠진다. 시간이 지나 더 이상 물이 똑똑 떨어지지 않으면, 감자를 눌러 짜준다. 커다란 볼에 감자, 간을 맞추기 위한 후추, 올리브 오일, 그리고 타임 잎의 반 정도를 넣고 섞어준다.

오븐은 약 섭씨 260도로 예열해놓는다. 테를 두른 베이킹 시트에 올리브 오일로 브러싱(brushing)[13]을 한다. 반죽을 팬에 옮긴 다음 가장자리까지 펴준다. 반죽이 잘 늘어나지 않는다고 억지로 힘을 가해서는 안 된다. 이럴 경우 몇 분 동안 반죽을 쉬게 하고 다시 시작하면 되는데, 반죽에 있는 가스를 빼내

---

11 캐나다 원산지인 노란 속살의 감자
12 다양한 칼날이 달린 도구
13 브레드에 달걀이나 오일, 액상 재료를 골고루 바를 때 사용하는 베이킹 도구가 브러시, 이 작업을 브러싱이라고 한다.

지 않도록 주의한다.

　반죽 표면에 감자들을 적당히 분배한다. 15분 동안 굽고, 포카치아를 확인하면서 팬을 돌려 골고루 구워질 수 있도록 한다. 포카치아가 짙은 갈색을 띠고 감자가 바삭바삭해질 때까지 약 20분 정도 계속 굽는다. 포카치아를 오븐에서 꺼내 도마 위에 옮긴다. 페코리노 치즈를 썰거나 갈아 올리고, 남은 타임을 가니시로 이용한다. 포카치아를 잘라 따뜻할 때 내놓는다. 아니면 랙에 두고 식힌 다음 자른다.

CHAPTER 2

세몰리나와 통밀 브레드
Semolina and Whole-Wheat Breads

세몰리나처럼 별로 일반적이지 않은 종류의 곡물을 이용하거나, 통밀의 양을 다양하게 바꾸는 베이킹은 양질이면서도 베이직 컨트리 브레드에서 나온 색다른 개성을 줄 것이다. 만드는 방법은 많은 부분 기본 레시피와 동일하다.

세몰리나 브레드 SEMOLINA BREAD

듀럼(durum) 밀알의 심장부인 세몰리나는 황금색을 띠며 보통 다른 밀가루들보다 더 많은 단백질을 함유하고 있다. 세몰리나는 파스타의 노란색을 만들어내는 결정적인 재료이기도 하다. 이탈리아 남부에서는 곱게 빻은 세몰리나가 체 친 하얀 밀가루보다 종종 더 저렴했기 때문에, 시칠리아 사람들은 그것으로 그날그날 파네 리마치나토(pane rimacinato, 100% 듀럼 가루)라고 부르는 빵을 만들어 먹었다.

　전통적으로 이 빵은 가정집에서 만들었는데, 천연 르뱅으로 숙성시킨 반죽을 나무를 때는 오븐에서 구웠다. 사람들은 이 빵을 따뜻하게 먹거나, 신선한 리코타 치즈와 마조람(marjoram), 앤초비, 올리브 오일을 추가하여 그릴에 구워 먹었다. 우리는 브레드를 썰어 올리브 오일에 튀긴 다음 간식으로 먹기 좋게

막대 모양으로 잘라 양젖으로 만든 리코타 치즈, 호두 앙쇼야드(anchoïade, 187쪽), 그리고 칼라브리안 칠리 페이스트와 섞고, 신선한 무화과와 샌프란시스코 미션 지구에서 생산된 벌꿀과 함께 즐겨 먹는다.

단백질 함량이 높은 세몰리나 가루로 베이직 컨트리 브레드 반죽과 비슷하게 만들려면 물을 더 많이 넣어야 한다. 우리는 세몰리나 가루와 일반 밀가루의 비율을 70대 30으로 섞어 사용하기로 한다. 세몰리나 브레드의 내상은 도드라지는 황금색을 띠지만, 풍미에서는 일반 밀가루로 만든 것과 큰 차이가 없다. 구운 회향, 양귀비, 참깨를 추가해 곡물 본래의 맛에 풍미를 더할 수 있는데, 그 양은 취향에 따라 조절하면 된다.

로프 2개 만들기:

재료	양	베이커의 백분율(%)
르뱅	200g	20
물(약 섭씨 27도)	750g+50g	80
세몰리나 가루	700g	70
다목적용 혹은 브레드용 밀가루	300g	30
회향 씨	75g	7.5
참깨	75g	7.5
소금	20g	2
코팅용 씨들*	200g	

* 굽기 전의 회향 씨와 양귀비 씨, 참깨를 섞어 사용

베이직 컨트리 브레드 레시피(47쪽)의 1단계를 따라 르뱅을 준비한다. 르뱅이 물에 뜨면 이제 세몰리나 반죽을 할 준비가 된 것이다.

커다란 믹싱 볼에 750g의 따뜻한 물을 붓는다. 르뱅을 넣고 잘 흩어지도록 저어준다. 이어 세몰리나 가루와 다목적용 밀가루를 넣는다. 손으로 마른 가루가 남지 않도록 꼼꼼히 섞어주고 25~40분가량 믹싱 볼에서 반죽을 쉬게 한다.

반죽이 휴지기를 갖는 동안, 회향 씨와 참깨를 스튜용 냄비에 중간 불로 5분가량 구운 다음 작은 볼에 담아 식힌다. 구운 씨들을 굵게 빻거나 갈아놓은 뒤, 양귀비 씨를 추가해서 다시 잘 섞는다.

반죽의 휴지기가 끝난 후, 소금과 50g의 따뜻한 물을 반죽에 넣는다. 손가락으로 반죽을 쥐어짜듯 하며 소금을 잘 섞어준다. 처음에는 반죽이 갈라지겠지만, 볼에서 뒤집어 접는 동안 금방 덩어리 형태로 돌아올 것이다. 소금이 반죽에 제대로 스며들지 않는 것처럼 보여도 너무 걱정하지 말자. 54쪽의 4단계를 따라 반죽을 깨끗한 용기로 옮겨 1차 발효를 시작한다. 56쪽 5단계를 따라 반죽을 뒤집는다. 두 번째 뒤집기를 하고 나서, 빻은 회향 씨와 참깨를 첨가하고 물을 살짝 뿌려 촉촉하게 만든다. 손으로 반죽을 가르고 씨들을 꾹꾹 누른다. 1차 발효를 완료한다.

초기 성형에 대해 설명한 58~60쪽 6단계부터 8단계까지 순서대로 따라 하고, 중간 발효를 거친 다음 최종 성형을 한다. 최종 성형이 끝나면, 각 로프의 윗부분을 코팅용으로 둔 씨들에 굴린다. 로프들을 바구니나 볼로 옮겨서 최종 발효를 시키는데, 씨가 묻은 쪽을 바닥으로 하고 60쪽 9단계를 참고한다. 각각의 로프를 67~70쪽의 1단계부터 7단계 설명에 따라 굽는다.

세몰리나 브레드의 응용 VARIATION ON SEMOLINA BREAD

골든 레이즌, 회향 씨, 오렌지 제스트 Golden Raisin, Fennel Seed and Orange Zest

말린 과일들은 로프를 훨씬 더 달콤하게 한다. 골든 레이즌과 회향 씨는 매우 클래식한 조합이다. 나는 아침 식사로 이 브레드를 구워서 버터나 마멀레이드를 발라 먹는 것을 좋아한다.

로프 2개 만들기:
골든 레이즌 3컵
구워서 으깬 회향 씨 1 1/2Tbsp
구워서 으깬 고수(coriander) 씨 1tsp
세몰리나 브레드 레시피(110쪽)
발렌시아 오렌지 1개분 제스트

골든 레이즌을 볼에 넣고 따뜻한 물을 부어 푹 잠기도록 한다. 약 30분 동안 불린 후 물을 모두 따라 버리고 볼에 넣는다. 회향 씨와 고수 씨, 오렌지 제스트를 추가로 넣는다.

56쪽의 5단계대로 반죽에 두 번째 뒤집기를 한 뒤, 위의 재료를 반죽에 넣고 약간의 물을 뿌려 촉촉하게 만든다. 손으로 반죽을 쥐어짜듯 하며 잘 섞어준다. 1차 발효를 완료하고, 성형하고 굽는다.

리처드 버튼은 내게 아티장 스타일의 통곡물 로프를 알려주었다. 많은 사람들이 어머니가 점심으로 만들어주시던 꿀을 발라 오븐에 구운 브레드에 고기를 넣은 샌드위치를 기억하듯이, 나도 통밀 브레드 하면 브라운 원더(Wonder)[1] 브레드와 비슷한, 달콤하고 부드러운 로프를 생각해왔다. 지금도 나는 이 브레드에 볼로냐와 치즈, 마요네즈를 펴 바른 샌드위치를 보면 몹시 먹고 싶어진다. 하지만 리처드의 통밀 브레드는 달랐는데, 촉촉한 내상에 갈색 껍질은 윤기로 반짝이는 자유로운 모양의 로프였다.

프랑스에서 다니엘 콜린과 패트릭 르포트와 함께 일하는 동안, 나는 그들만의 독특한 브레드를 보았다. 그들의 통밀 브레드 역시 리처드가 만든 브레드와 비슷한 열판 위에 바로 구워 만든 브레드로, 이는 현재 나의 통곡물 베이킹에 많은 도움이 되었다. 두 베이커는 두 종류의 브라운 브레드를 만들었다. 하얀 브레드용 밀가루와 통곡물 가루를 섞어 쓰는 콤플렛(complet)의 경우, 가벼운 질감의 브레드를 생산해냈다. 100% 통곡물 가루만 넣는 인테그랄(integral) 방법으로 만든 브레드는 통밀 자체의 풍미가 돋보이는 매우 진하고 묵직한 내상이 특징이다. 이 브레드들은 리즈와 내가 프랑스에 있을 때 파테와 로제 와인과 같이 즐겨 먹었던 것이다.

콤플렛이든 인테그랄이든, 통밀 함량이 높은 반죽은 통밀의 기울이 물을 많이 흡수하기 때문에 하얀 밀가루 반죽보다 물이 많이 필요하다. 따라서 통밀 로프에 그만큼 열린 질감을 기대하기란 쉽지 않다. 기울 입자는 또한 활성화된 글루텐 벽에 구멍을 내어 반죽에 있는 가스들이 빠져나가게 만들기 때문에 하얀 브레드용 밀가루만큼 풍성한 부피를 만들 수 없다. 일단 나는 인테그랄 방법보다 훨씬 더 가벼운 식감의 브레드가 나오는 콤플렛 반죽부터 시작해서 취향에 맞는 비율을 찾아가기를 추천한다. 그렇게 하다 보면 베이직 컨트리 브레드처럼 속이 가볍게 벌어지는 통곡물 브레드도 만들 수 있다. 비록 그 짧은 순간의 기회가 전적으로 그 철의 곡물 품질에 달려있다고 해도, 해볼 만한 가치가 있다.

타르틴에서는 베이직 컨트리 브레드를 만들 때 쓰는 르뱅으로 통밀 브레드를 만든다. 몇몇 베이커들은 진한 브레드를 위해 100% 통곡물로 만드는 제2의 스타터가 있어야 한다고 주장하지만, 우리는 그러한 필요성을 전혀 느끼지 않는다. 통곡물은 100%의 '하얀' 밀가루를 포함하고 있다. 만약 여러분이 통곡물 르뱅을 만들고 싶다면, 브레드를 만들기 전 스타터에 통곡물 가루로만 두어 번 영양분을 공급하면 된다. 이때 발효는 더욱 활발해지므로 모든 재료를 약간 더 차갑게 유지하고, 혹은 종의 함량을 줄인(약 5% 줄여서 시작) 스타터로 영양분을 공급해야 한다.

---

1 미국의 대표적인 식빵 브랜드로 부드럽고 쫄깃한 식감, 저렴한 가격으로 사랑받고 있다.

통밀 브레드 WHOLE-WHEAT BREAD

통밀가루는 하얀 브레드용 밀가루보다 물을 더 많이 흡수하므로, 초기 반죽 이후 반죽의 휴지기를 더 오래 가지는 것이 좋다. 베이직 컨트리 반죽의 휴지 시간이 25~40분 정도라면, 통밀 반죽은 40~60분 정도가 좋다. 어떤 베이커들은 통곡물 반죽에 밤새도록 휴지기를 주는 방법을 선호하기도 하는데, 이 기술은 여러분이 반죽을 뒤집기 시작할 때까지, 그리고 언제 르뱅을 넣을지 기다리는 동안 충분히 시도해볼 만하다.

통밀가루는 하얀 브레드용 밀가루보다 발효가 더 활발하게 일어나므로, 약간 차가운 물로 반죽해 발효를 느리게 한다. 르뱅의 비율을 15%부터 20%까지 조정해가면서 늦출 수도 있는데, 성형 전 반죽에 적당한 탄력을 형성하기 위해 1차 발효는 반드시 제대로 완료되어야 한다.

로프 2개 만들기:

재료	양	베이커의 백분율(%)
르뱅	200g	20
물(약 섭씨 24도)	800g	80
통밀가루	700g	70
다목적용 밀가루	300g	30
소금	20g	2

베이직 컨트리 브레드 레시피(47쪽)의 1단계 설명대로 르뱅을 준비한다. 르뱅이 물에 뜨면 통밀가루 반죽을 할 준비가 된 것이다.

커다란 믹싱 볼에 따뜻한 물을 따른다. 르뱅을 넣고 흩어지도록 저어준다. 통밀가루와 다목적용 밀가루를 넣는다. 손으로 마른 가루가 남지 않을 때까지 잘 섞어준다. 40~60분 동안 믹싱 볼에서 반죽을 쉬게 한다.

56~60쪽의 5단계부터 9단계를 따라 반죽을 마무리하고, 67~70쪽에 나와있는 1단계부터 7단계를 따라 로프를 굽는다.

아마와 해바라기Flax and Sunflower

이것은 버튼의 베이커리에서 처음 만들어본 것으로, 독일식 통곡물 베이킹에서 찾아낸 클래식한 조합이었다. 우연히 콘칩을 먹다가 이 조합의 맛을 처음 보았을 때 나는 독특한 그 맛에 바로 빠져들었다. 아마 씨는 브레드의 내상을 촉촉하고 유연하게 해주고 브레드의 보존력을 높여준다. 로프를 성형한 뒤, 반죽을 해바라기 씨들에 굴려서 붙이고 브레드를 굽는다.

로프 2개 만들기:

아마 씨 2컵

끓는 물 4컵

해바라기 씨 2컵

통밀 브레드 반죽 레시피(114쪽)

반죽하기 전에, 아마 씨를 볼에 넣고 끓는 물을 부은 다음 식힌다. 그러면 아마 씨는 쫀득해질 것이다.

오븐을 약 섭씨 204도로 예열한다. 테를 두른 베이킹 시트에 해바라기 씨 한 컵을 균일하게 펼친다. 10분 동안 해바라기 씨를 굽는다. 오븐에서 꺼낸 뒤, 베이킹 시트의 바깥쪽에 있는 씨들이 중앙에 있는 것들보다 색이 더 빨리 진해지므로 잘 섞어준다. 모든 씨들이 골고루 구워질 때까지, 오븐에 도로 집어넣고 5분가량 더 구워준다. 15분 동안 식힌다.

반죽에 두 번째 뒤집기를 해준 뒤, 56쪽의 5단계대로 아마 씨와 구운 해바라기 씨를 반죽에 첨가하고 약간의 물을 뿌려 촉촉하게 만든다. 손으로 씨들이 반죽에 들어가도록 꾹 눌러준다. 1차 발효를 한다. 58~60쪽의 6단계부터 8단계 설명을 따라 초기 성형과 중간 발효, 최종 성형을 한다.

최종 성형을 마치면, 남아있는 해바라기 씨 한 컵을 접시나 트레이에 흩트려놓는다. 각 로프의 표면을 굴려 해바라기 씨가 달라붙도록 한다. 만약 씨들이 반죽에 제대로 붙지 않으면, 반죽을 젖은 타월에 굴려 촉촉하게 한 다음에 묻힌다. 60쪽 9단계대로 최종 발효를 위해 로프를 바구니나 볼에 옮긴다. 67~70쪽에 나와있는 1단계부터 7단계를 참고해서 각 로프들을 굽는다.

건포도와 고수Raison and Coriander

나는 버튼에게서 건포도와 신선하게 빻은 고수 씨의 조합으로 만드는 브레드를 배웠다. 그는 고수가 소화를 돕는다고 믿고 있었는데, 버크셔 마운틴 베이커리에서 그의 아이들은 방과 후 종종 그가 만든 따뜻한 통밀 브레드에 버터를 발라 먹었다. 건포도 대신 커런트(currants)를 써도 된다. 이 브레드를 구운 치즈 샌드위치에 사용하면, 또 다른 최고의 맛을 느낄 수 있다.

로프 2개 만들기:

건포도 3컵

고수 씨 1Tbsp

통밀 브레드 반죽 레시피(114쪽)

볼에 건포도를 넣고 따뜻한 물을 부어 잠기게 한다. 건포도를 30분 동안 불린다. 물을 모두 따라 버리고 건포도를 다시 볼에 넣는다.

고수 씨를 스튜용 냄비에 넣어 중간 불에서 5분가량 굽는다. 완전히 식은 고수 씨들을 빻거나 곱게 간다. 고수 씨를 먼저 건포도에 넣어 잘 섞은 다음 통밀 반죽에 넣어준다.

56쪽에 있는 5단계대로, 두 번째 뒤집기를 해준 다음 건포도와 고수 씨를 반죽에 첨가하고 약간의 물로 촉촉하게 만든다. 손으로 재료들이 반죽에 잘 섞이도록 누른다. 1차 발효를 완료한다.

58~60쪽에 있는 6단계부터 8단계를 따라 반죽을 마무리하고, 67~70쪽의 1단계부터 7단계를 따라 한다.

팽 오 그뤼에르Pain au Gruyère

타르틴에서 판매하는 것 중 내가 가장 좋아하는 통밀 브레드는 프랑스 파리의 생통주(Saintonge) 거리에 있는 유명한 베이커리인 '페르낭 옹프로이(Fernand Onfroy)'에서 처음 먹어본 '팽 오 그뤼에르'에서 영감을 얻은 것이다. 반죽 마지막 단계에 거칠게 간 그뤼에르 치즈와 신선하게 빻은 후추를 반죽에 첨가하고 접어서 만든다. 파니부아(panibois)라고 부르는 식빵 틀처럼 생긴 작은 베니어판 박스에 파치먼트 페이퍼 (parchment paper)[2]를 깔고 반죽을 넣어 구우면 직사각형 모양의 브레드가 된다. 치즈는 스코어링을 한 브레드 위에서 오븐의 뜨거운 열에 의해 녹아내리고, 껍질과 함께 캐러멜처럼 된다. 숙성된 그뤼에르 치즈를 통곡물 브레드에 곁들여 먹어도 좋다.

로프 2개 만들기:

통밀 브레드 반죽 레시피(114쪽)

동굴에서 숙성한 것을 곱게 부순 그뤼에르 치즈 283g

브러싱용 올리브 오일

통밀 반죽을 한다. 밀가루를 잘 섞고, 부셔놓은 치즈를 넣어 손으로 잘 섞어준다. 반죽을 볼 안에서 40~60분 동안 쉬게 한다.

56~60쪽의 5단계에서 8단계를 따라 반죽을 마무리한다. 8단계에서 반죽을 성형한다. 두 개의 로프 팬에 올리브 오일을 바른다. 반죽을 팬에 각각 옮겨 담은 후, 오븐에 넣기 전까지 2~3시간 동안 숙성시킨다. 67~70쪽의 1단계부터 7단계대로 각 로프를 굽는다.

---

2 여러 번 쓸 수 있는 튼튼한 고급 베이킹 페이퍼로, 북미에서는 왁스 페이퍼라고도 한다.

시골 호밀빵COUNTRY RYE

천연 르뱅으로 발효시킨 호밀 반죽은 뚜렷할 정도로 달콤한 곡물 향을 지니게 된다. 전통적인 독일식 호밀 브레드 같은 몇몇 호밀 브레드는 오랜 발효로 만들어진 강렬하도록 시큼한 향을 추구한다.

여기에 소개하는 시골 호밀빵의 경우, 나는 시큼한 맛은 중간 정도로 유지하고 호밀의 독특한 향과 달콤함을 충분히 느낄 수 있을 만큼만 호밀 가루를 쓴다. 통호밀 가루를 이용하면 빵의 내상은 살짝 회색빛이 돌며 매우 부드러워진다.

브레드용 밀가루와 호밀을 섞어 쓸 때, 여러분은 각자의 취향대로 호밀 가루의 비율을 조절할 수 있다. 만약 밀가루 대비 호밀 가루의 비율을 높이면, 호밀에는 글루텐 성분이 많지 않으므로 좀더 뻑뻑한 내상이 만들어진다.

입자가 굵은 호밀로 만드는 펌퍼니클(pumpernickel)[3]과는 상반되게 중간 입자로 빻은 통호밀 가루를 사용하는 브레드는 아주 다른 결과물이 된다.

로프 2개 만들기:

재료	양	베이커의 백분율(%)
르뱅	200g	20
물(약 섭씨 24도)	800g	80
통호밀 가루(중간 정도의 고운 입자)	170g	17
하얀 브레드용 밀가루	830g	83
소금	20g	2

베이직 컨트리 브레드 레시피(47쪽)의 1단계 설명을 따라 르뱅을 준비한다. 르뱅이 물에 뜨면 반죽할 준비가 된 것이다.

커다란 믹싱 볼에 따뜻한 물을 붓는다. 르뱅을 넣어 잘 흐트러지도록 저어준다. 호밀 가루와 브레드용 밀가루를 첨가한다. 손으로 마른 가루 하나 보이지 않을 때까지 반죽을 잘 섞는다. 볼에 반죽을 그대로 두고 40~60분 동안 휴지기를 준다.

소금을 넣고, 56~60쪽에 나와있는 5단계부터 9단계를 따라 반죽을 마무리한다. 이후 67~70쪽의 1단계부터 7단계대로 로프를 굽는다.

---

3 독일 빵의 일종으로 호밀과 곡류를 이용해 만든 웰빙 빵

세몰리나와 통밀 브레드

바게트와 영양 강화 브레드

1세기 선까시만 해도 천연 르뱅으로 브레드를 만드는 것은 프렌치 베이커들에게는 법칙과도 같았다. 우리가 오늘날 알고 있는 상업용 이스트(baker's yeast)[1]가 소개되기 전, 18~19세기의 베이커들은 천연 르뱅과 맥주의 효모를 혼합해 사용하는 방식으로 로프를 가볍게 만들었다.

19세기 후반에 상업용 이스트가 발달하면서 베이커들은 이를 이용하기 시작했다. 처음에 베이커들은 그 획기적인 재료를 조심스럽게 적용했다. 그들은 천연 르뱅을 만드는 것처럼 소량의 이스트와 밀가

---

1 베이커들을 위해 상업용으로 만들어진 이스트로 현재 다양한 종류의 이스트가 있다.

루, 물을 섞어 몇 시간 동안 부풀어 오르도록 두었다.

사전 발효된 반죽처럼 보이는 이것은 '풀리시(poolish, 종종 폴란드에서 유래된 것으로 간주됨)'로 알려지게 되었고, 천연 르뱅과 섞어서 이용되었다. 이런 초창기의 이스트들은, 심지어 풀리시만을 단독으로 이용했을 때조차 1차 발효 시간이 아주 길었고, 최종 발효는 길고도 느린 상태가 되었다. 그 결과물은 확연히 돋보였는데, 반죽에 상업용 이스트를 계량해서 첨가하자 이제껏 느낄 수 없던 가벼운 브레드가 만들어졌고, 기나긴 1차 발효 시간과 함께 적당한 천연 르뱅 사용은 브레드에 좋은 풍미와 독보적인 보존력을 안겨주었다. 이후 수십 년간 두 재료를 섞어 쓰게 되었으며, 20세기 초반의 프렌치 베이커(이자 프렌치 베이킹에 권위가 있으며 유명한) 레이몬드 칼벨은 이 시기를 일컬어 '프렌치 브레드의 황금기'라 하였다. 천연 르뱅과 상업용 이스트는 혼합되거나, 단독으로 사용되었다. 어떻게 하든 당시의 베이커들은 풍미를 높이고 완전한 기술을 지키기 위해서 단계마다 부드럽게 반죽하고, 발효 시간을 길고 느리게 두는 전통을 존중했다.

황금기는 짧았다. 대형 베이커리에서 천연 르뱅을 일정하게 관리하려면 손이 더 많이 필요했고, 이에 베이커들은 훨씬 편한 상업용 이스트를 선호하면서 오래된 방식을 저버렸다. 베이커들은 이스트를 더 많이 넣으면 반죽이 재빨리 부풀어 오른다는 사실을 발견했고, 1차 발효에 소요되는 시간을 생략할 수 있었다. 이는 베이커리의 생산을 더욱 효율적으로 만들어주었지만 브레드의 질은 급격히 떨어졌다. 베이커들은 반죽을 발효시키는 대신 반죽에 공기를 주입했고 풍미를 희생하면서까지 프렌치 브레드의 본질을 바꾸어버려서, 결국 브레드의 정신은 사라지고 말았다.

한때 모든 이들의 사랑을 받았던 브레드가 이제는 몇 시간 이내로 상하고 맛이 없어진다는 오명을 얻게 되었다. 소비자들은 머뭇거렸다. 프렌치 식단에서 브레드는 여전히 주식으로 자리 잡고 있지만, 역사학자들은 프랑스의 브레드 소비가 1940년대 이후 급감하고 있다는 사실에 주목했다. 베이커들이 이스트를 넣기 시작하며 견습생들에게 천연 르뱅으로 빵을 만드는 방법을 가르치지 않게 되었고, 천연 르뱅에 대한 총체적 지식은 거의 잊혀졌다.

프렌치 브레드의 황금기가 종식된 이후, 시대의 풍조와 미신이 이스트와 천연 르뱅 사용을 거의 격리시켜버렸다. 전통을 고집하는 베이커들에게는 이스트가 적이 되고 말았다. 생명의 양식이 감소되는 것에 대한 책임과 비난의 화살이 미생물에게로 몰렸다. 내가 아는 어떤 프렌치 베이커는 블랑제리 투어를 나온 학생들을 숍에 들이지 않고 그대로 되돌려 보냈는데, 이는 그들이 숍에 들어오는 순간 함께 들어오는 이스트가 그의 베이크숍을 망쳐버릴지도 모른다는 생각 때문이었다. 그의 근심은 근거 없는 것이었는데, 천연 르뱅으로 산성화된 환경은 상업용 이스트와 섞이지 않으므로 오염의 위험성은 거의 없었던 것이다.

아티장 브레드의 부활은 1980년대 말에 미국에서 일어났고, 프랑스보다 10년 앞서 시작되었다. 많은 베이커리들은 그들의 브레드에 이스트가 들어가지 않는다는 것을 내세웠다. 천연 르뱅으로 만든 브레드를 뜻하는 팽 오 르뱅 나튀렐(pain au levain naturel)은 20세기 전부터 그 명성을 되찾고 있었다. 특히 파리와 몇몇 도시들에 있는 베이커들은 르뱅 드 파트(levain de pàte)라는 방법을 재발견했는데, 이는 천연 르뱅과 이스트를 조화롭게 결합해서 고급스러운 스타일의 브레드를 만드는 방법이다. 나는 타르틴에서 더욱 가벼운 질감, 낮은 산도와 더 얇은 껍질의 브레드를 만들고자 할 때 이스트로 만든 액체 르뱅의 풀리시를 천연 르뱅과 섞어 반죽에 이용한다. 나는 풀리시를 따로 반죽한 다음, 원하는 결과물에 맞게 필요한 양만큼 쓴다. 1차 발효와 최종 발효 시간이 상당히 걸리지만 그날의 필요에 따라 변화를 줄 수 있다.

바게트 BAGUETTES

컨트리 로프를 수 년 동안 지향해왔던 만큼, 내게 이상적인 바게트는 내 손으로 직접 만들기도 전에 이미 내 머릿속에 오래전부터 존재했다. 프렌치 바게트는 20세기 초에 탄생한 이래 꾸준히 만들어졌을 테지만, 나는 그 바게트를 찾을 수 없었다. 상업용 이스트가 빠르게 확산되면서 베이커들이 분별력 있게 그것을 사용하던 1900년대 초였다면 찾기가 더 쉬웠을 것이다.

나는 상업용 이스트와 천연 르뱅을 섞어 씀으로써 초창기 시절의 바게트를 타르틴의 테이블로 가져올 수 있을 거라 믿었다. 처음에 나는 베이직 컨트리 반죽을 이용해서 바게트를 만들었다. 그 브레드는 컨트리 로프를 바게트 모양으로 길게 늘려, 맛있고 껍질이 매우 바삭바삭하게 만든 것이었다. 만들 만한 가치는 있었지만, 내가 목표로 하는 바게트는 아니었다. 나는 컨트리 로프보다 좀 더 미묘한 향에 껍질이 얇고 바삭바삭한 바게트를 만들고 싶었다.

몇 달에 걸친 테스트 끝에 나는 어린 르뱅의 함량을 두 배로 하고 풀리시를 대폭 첨가하며, 밀가루를 섞는 비율을 바꾸고, 최종 발효 시간을 늘림으로써 마침내 원했던 바게트를 얻었다. 나는 우리의 르뱅에 맞는 풀리시를 준비해 함량을 달리해가며 시도했었다.

풀리시는 천연 르뱅과 마찬가지로 풍미를 더해주지만 박테리아의 발효 과정이 없기에 젖산과 초산에서 생기는 시큼한 맛이 전혀 없다. 풀리시는 또한 반죽을 더 유연하게 하고, 잘 벌어지는 내상과 얇고 바삭바삭한 껍질을 형성하는 데 도움을 준다.

첫 번째 테스트에서 생각보다 더 두꺼운 껍질과 더 강한 향이 나오는 것을 보고, 나는 반죽의 발효를 밤새 지연시키지 않아도 된다는 점을 알게 되었다. 동일한 비율인 20%의 르뱅을 베이직 컨트리 반죽에 이용해 같은 날에 바게트를 구웠더니 괜찮은 결과물이 나왔다. 그러나 그 르뱅에서 나오는 향이 너무 밋밋해서 나는 르뱅의 양을 늘렸다. 바게트를 같은 날에 구우려 했음에도, 더 추가된 풀리시와 더 많은 천연 르뱅이 발효 과정에서 산도를 증가시켰기 때문에 바게트 반죽에는 베이직 컨트리 반죽에 사용하는 물보다 더 차가운 물(약 섭씨 24도)을 이용해야만 했다.

바게트 반죽의 발효를 밤새 지연시키지 않을 것이므로, 글루텐이 충분히 부드러워질 만큼의 시간은 없다. 그래서 나는 글루텐 함량이 낮은 다목적용 밀가루를 많이 넣었고, 우리가 주로 사용하는 브레드용 밀가루와의 혼합 비율을 변경했다. 나는 또한 몇 번의 테스트에서 5~10%의 하얀 스펠트 가루(100% 밀가루 함량)를 이용했는데, 결과가 굉장히 좋았다. 스펠트 가루에 있는 글루텐은 다목적용 밀가루 또는 브레드용 밀가루에 있는 글루텐과는 다르기 때문에, 스펠트 밀가루는 반죽을 매우 유연하게 했다. 결국 나는 이 레시피에서 대부분 다목적용 밀가루를 넣고 있다.

1차 발효에 통상적으로 걸리는 3~4시간 이후, 반죽을 나누어 성형한다. 반죽은 부드럽고 끈적거려서, 나는 베이직 컨트리 반죽을 성형하는 기술을 약간 변형해 이용한다. 오븐에 넣기 전 3시간 정도 성형한 바게트 반죽을 숙성되도록 두는 것이다.

몇 달 동안의 테스트 결과 적절하게 균형 잡힌 풀리시, 증가시킨 어린 르뱅의 양, 그리고 더 부드러운 밀가루는 매우 훌륭한 바게트를 생산해냈다. 짙은 갈색으로 노릇노릇하게 구워내면, 바게트는 막 튀긴 팝콘 같은 고소한 향을 갖게 된다.

기다란 바게트는 콤보 쿠커에 맞지 않으므로 직사각형의 베이킹 스톤에 굽는데, 오븐에 넣기 전에 스팀으로 미리 촉촉하게 하고 구우면서 처음 10~15분 동안에도 계속 수분을 공급해주면 좋다(129쪽 참조). 여러분의 베이킹 스톤 크기에 따라 바게트 길이를 조절해야 할 수도 있다. 피자용 나무 주걱 말고도,

성형한 반죽을 피자용 나무 주걱으로 옮길 때 핸드 필(hand peel)[2]이 필요할지도 모른다. 물론 좁은 직사각형 나무토막이나 두껍고 튼튼한 하드보드지로 대신할 수도 있다. 브레드에 스코어링을 하려면 나무 스틱에 끼운 양날 면도칼이 필요하다(67쪽 2단계 설명 참조).

바게트 2개 혹은 3개 만들기:

풀리시 POOLISH

다목적용 밀가루 200g

물(약 섭씨 24도) 200g

액티브 드라이 이스트 3g

르뱅 LEAVEN

숙성된 스타터(47쪽) 1Tbsp

다목적용 밀가루 220g

물(약 섭씨 27도) 220g

더스팅용 쌀가루

바게트

재료	양	베이커의 백분율(%)
르뱅	400g	40
물(약 섭씨 23~24도)	500g	50
풀리시	400g	40
다목적용 밀가루	650g	65
브레드용 밀가루	350g	35
소금	24g	2

풀리시를 만들기 위해 볼에 밀가루, 물, 이스트를 넣고 섞는다. 3~4시간 동안 따뜻한 실온(약 섭씨 24~27도)에 그대로 두거나 냉장고에 밤새 놓아둔다.

　르뱅을 만들기 위해 숙성된 스타터를 볼에 넣는다. 49쪽 1단계 설명을 따라 하면서, 밀가루와 물을 이용해 영양분을 공급한다.

　풀리시와 르뱅이 물에 뜨면 준비가 다 된 것이다. 소량의 풀리시와 르뱅을 물 위에 떨어뜨려서 둘 중 하나라도 가라앉으면 아직 사용할 시점이 아니므로 발효 시간을 좀더 가져야 한다.

　바게트 반죽을 하기 위해 르뱅 400g을 계량한 다음, 남은 르뱅과 풀리시를 스타터로 쓰기 위해 한쪽

2　손으로 반죽을 담고 이동시킬 수 있는 작은 나무 주걱

에 잘 둔다. 커다란 믹싱 볼에 따뜻한 물을 붓는다. 풀리시와 르뱅을 넣고 잘 흐트러지도록 푼다. 다목 적용 밀가루와 브레드용 밀가루를 추가로 넣는다. 손으로 가루나 덩어리가 하나도 없을 때까지 잘 섞어 준다. 바게트 반죽은 베이직 컨트리 브레드 반죽보다 약간 더 **뻑뻑한** 느낌이 들겠지만, 이는 1차 발효 과 정 동안 부드러워진다. 반죽을 25~40분간 쉬도록 둔다.

54쪽의 4단계를 따라 반죽을 깨끗한 용기에 옮기고 섭씨 24도에서 1차 발효를 시작한다. 56쪽 5단계 대로 대략 40분마다 반죽을 뒤집어주면 되는데, 첫 번째 뒤집기를 할 때 소금을 첨가한다.

1차 발효가 끝났을 때, 여러분이 갖고 있는 베이킹 스톤의 크기에 맞춰 58쪽 6단계대로 반죽을 2개 혹은 3개로 나눈다. 각각의 덩어리를 둥그런 모서리의 직사각형 모양으로 성형한다. 작업대 위에서 30분 동안 숙성시킨다.

베이킹 시트 혹은 도마 위에 커다란 키친타월을 놓고 쌀가루를 뿌려 더스팅한다.

한 번에 직사각형 반죽 하나씩 작업하는데, 반죽의 여러분 몸쪽 1/3 지점을 접어 올려 중간 1/3 지점 위로 덮는다. 반죽의 양 끝을 잡고 넓이가 두 배로 늘어나도록 수평 방향으로 당긴다. 봉투 입구를 접듯 여러분에게서 먼 쪽 1/3을 늘어난 직사각형의 중간 지점으로 접어 붙인다. 반죽의 팽팽함을 증가시키기 위해, 벌어진 부분을 단단히 누른다. 손바닥과 손가락을 함께 이용해 몸쪽으로 반죽을 굴리는 동작을 계속하는데, 이때 손바닥과 손가락의 가장자리로 반죽을 꾹꾹 눌러 더욱 팽팽해지게 한다. 이제 막대처 럼 길쭉한 실린더 모양의 반죽을 만들어내야 한다. 양쪽 손바닥을 반죽 위에 올려놓고 베이킹 스톤 크기 를 생각하면서 반죽을 앞뒤로 굴리며 양쪽 끝이 가늘어지도록 잡아당겨 길게 만든다.

바게트의 반죽 성형은 다른 모양보다 손이 더 많이 가서 어렵다. 인내심을 갖고 연습하다 보면 바게트 의 성형 과정은 자연스럽게 몸에 배일 것이다.

밀가루를 살짝 뿌려놓은 타월에 이음매가 위로 올라오게 해서 각 로프의 간격을 떨어뜨려 놓은 다음 타월을 접어 올린다. 이제 타월의 면들이 반죽의 바깥쪽 가장자리를 지탱해줄 것이다. 따뜻한 실온(약 섭씨 21~24도)에서 2시간 반~3시간가량 숙성되도록 내버려둔다.

오븐 중간에 있는 랙에 베이킹 스톤을 넣고 오븐을 섭씨 260도로 예열한다. 베이킹 스톤을 사용할 때 한 가지 요령은 굽기 시작할 무렵 오븐을 스팀으로 꽉 채우는 것이다. 가정용 오븐으로 가능한 많은 스 팀을 줄 수 있는 최고의 방법은 오븐을 예열하는 동안 오븐 바닥에 물에 흠뻑 적신 키친타월을 테두리 가 있는 베이킹 시트에 올려놓는 것이다. 오븐이 뜨거운 열을 낼 때, 타월에 있는 수분이 스팀을 만들어 낸다. 가장 이상적인 조건은 로프들을 오븐에 옮겨 굽기 시작하고 15분간 스팀이 유지되는 것이다. 구울 때 바게트를 오븐에 재빨리 넣고 오븐 뚜껑을 닫아야 하는데, 이는 베이킹 초반에 오븐의 수분을 조금 이라도 더 잡고 있으면 오븐 스프링이 잘 일어나고 결과물의 부피도 좋아지기 때문이다. 스팀은 또한 얇 고 살짝 윤기가 흐르는 바삭바삭한 껍질을 만드는 데도 도움을 줄 것이다.

쌀가루를 피자용 나무 주걱에 뿌리고 바게트의 이음매가 있는 옆면에도 더스팅을 한다. 타월을 잡고, 각각의 바게트 로프를 핸드 필에 뒤집어놓은 다음 피자용 나무 주걱으로 조심스럽게 옮긴다. 나무 주걱 에서 로프들을 약 5cm씩 떨어뜨려 나란히 놓아둔다. 양날 면도칼로 각 로프의 중앙에서 아래로 라인 이 살짝 겹치도록 그으면서 스코어를 넣는다. 오븐을 열어 스팀이 가득 나오는지 확인하고, 바게트를 베 이킹 스톤으로 옮긴 다음 스팀을 가능한 보호하기 위해 뚜껑을 재빨리 닫는다. 오븐의 온도를 즉시 섭

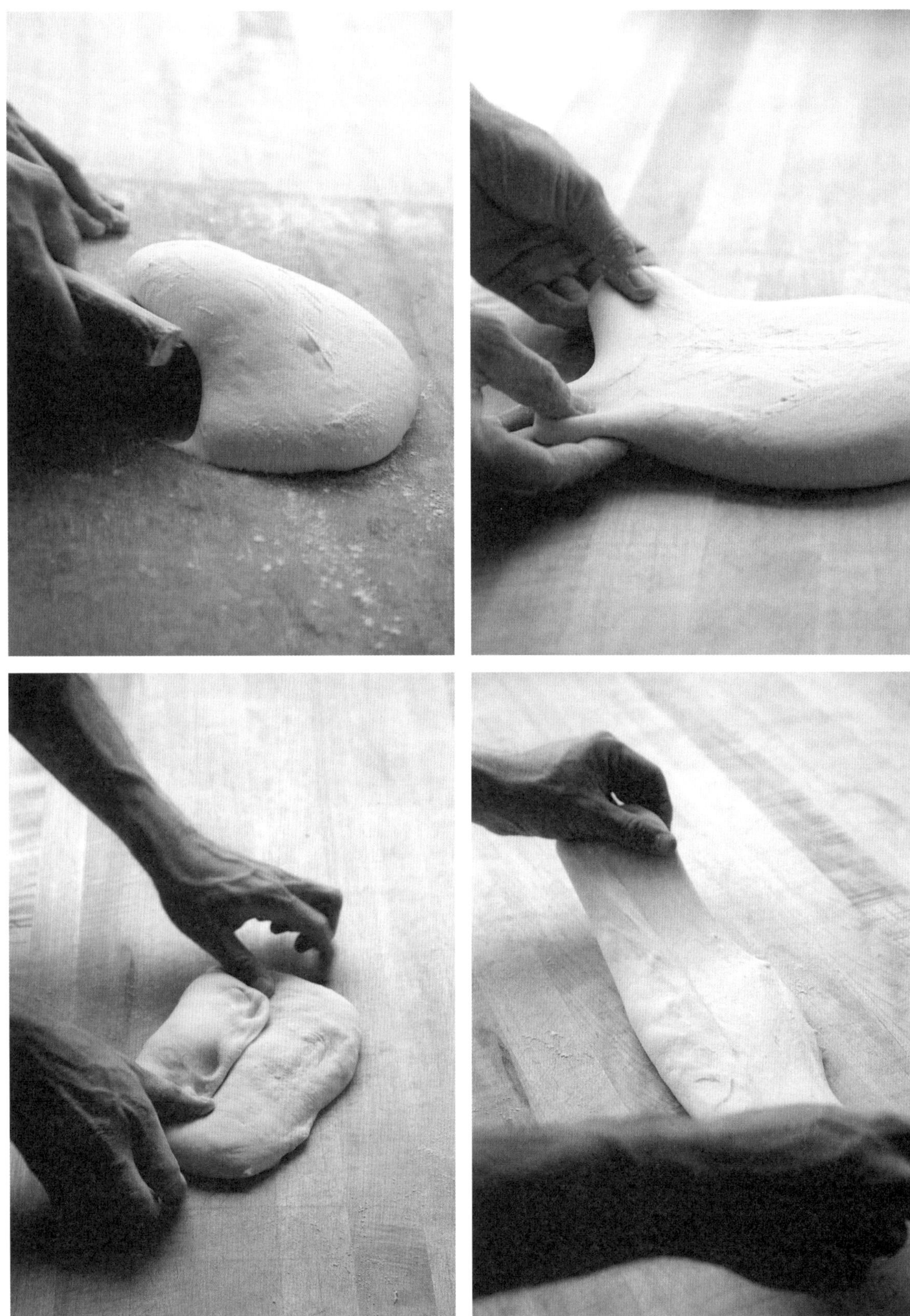

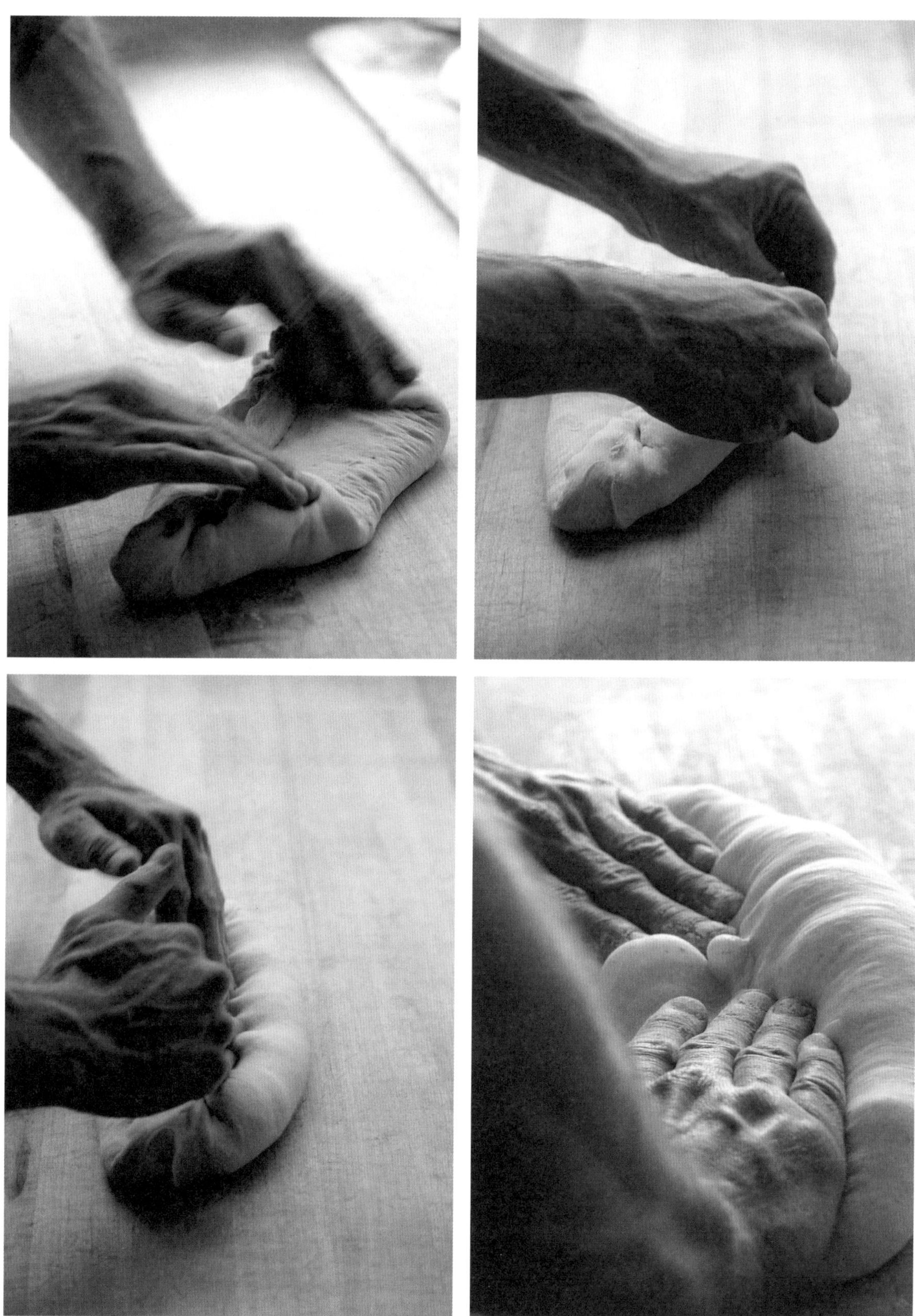

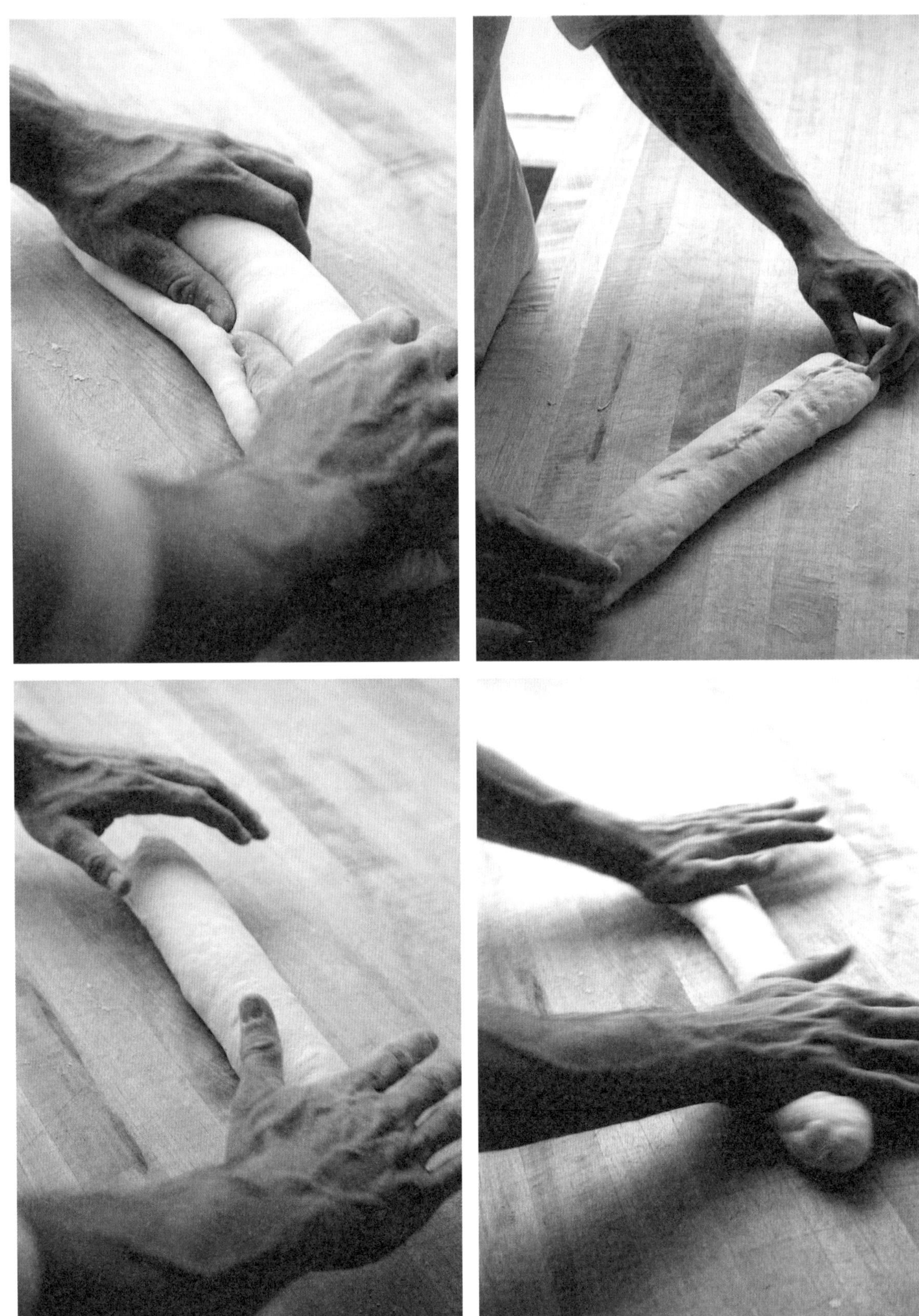

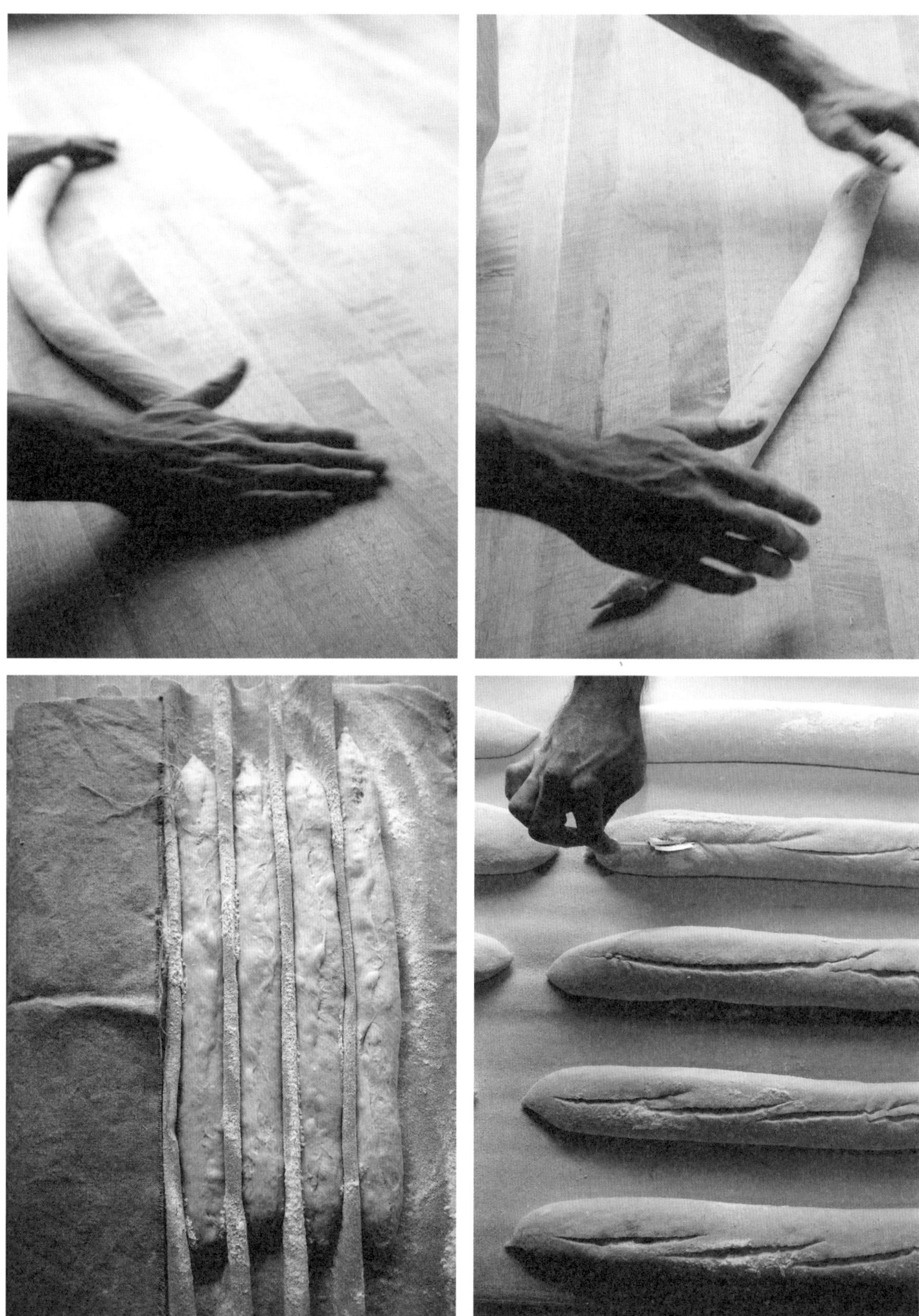

씨 246도로 줄인다.

15분쯤 지나 바게트의 색이 살짝 변하기 시작하면, 바닥에 두었던 키친타월을 팬에서 조심스럽게 꺼내는데, 이때 타월은 말라있을 것이다. 로프들이 갈색으로 노릇노릇하게 구워질 때까지 10~15분가량 계속 굽는다. 오븐에서 꺼낸 다음 따듯한 상태로 혹은 랙에서 식힌 다음 내놓는다.

바게트와 영양 강화 브레드

또흐뒤 Tordu

바게트를 응용한 소박한 또흐뒤는 '뒤틀어진, 꼬인'이란 의미를 가진 브레드로 포도덩굴의 울퉁불퉁한 모습과 닮았는데, 미국의 베이크숍에서는 이 빵을 거의 찾기 어렵다. 나의 '경이로운 베이커'의 로프들을 통해 알게 된 또흐뒤는 브레드의 형태를 표현하는 가장 우아한 모양들 중 하나이다.

2개 혹은 3개의 로프 만들기:
바게트 반죽 레시피(126쪽)

레시피에 따라 바게트 반죽을 준비한다. 바게트를 성형한 뒤에 밀가루를 뿌린 타월에 반죽을 올려놓고 5분 동안 쉬게 한다.

반죽의 양 끝을 잡고, 타월을 반대 방향으로 비틀어 물을 짜내는 것처럼 반죽을 비튼다. 오븐에 굽기 전에, 로프들을 밀가루를 뿌린 타월에 다시 올려놓고 2시간~2시간 반 동안 그대로 내버려둔다.

로프에 스코어를 넣지 않는다. 바게트를 굽는 방식대로 굽는다.

퓡뒤 Fendu

피스톨레(pistolet)라고도 부르는 퓡뒤 성형은 굽기 직전에 스코어를 넣지 않고, 예전 관습대로 쌀가루로 꼼꼼하게 만든 주름진 이음매를 따라 속이 벌어지게 한다. 나는 주름을 따라 완벽하게 벌어진 것보다는 오븐에서의 마지막 단계 동안 그것만의 표현으로 만들어낸 모양을 좋아한다.

2개 혹은 3개의 로프 만들기:
바게트 반죽 레시피(126쪽)

레시피에 따라 바게트 반죽을 준비한다. 1차 발효가 완료되면 설명대로 반죽을 쉬게 한다. 그다음 한 번에 반죽 하나씩을 직사각형 모양으로 만들어야 하는데, 우선 여러분 몸쪽에 있는 반죽의 1/3 지점을 잡아 올려 3등분의 중간 지점에서 접는다. 반죽의 양 끝을 살짝 잡아당긴다. 반죽 오른쪽 부분의 1/3 가량을 중간 지점으로 접고, 반죽 왼쪽의 1/3도 똑같이 중간 지점에 접어 붙인다. 그런 다음 여러분에서 먼 쪽 반죽의 1/3 부분을 편지봉투 입구를 접듯이 중간 지점으로 접어 반죽을 꾹 누른다. 반죽이 팽팽해지도록 벌어진 부분을 단단히 눌러준다. 이제 손바닥과 손가락을 이용해, 반죽을 여러분 몸쪽으로 여러 번 굴리면서 반죽이 더 팽팽해지도록 가장자리를 다시 꾹꾹 눌러준다.

다 되면 이음매가 있는 부분이 아래로 향하도록 놓고, 반죽을 쪼그라든 타원형 모양으로 만들어 마무리해야 한다.

쌀가루를 이용해 로프 중앙에 세로 방향으로 더스팅한다. 벤치 나이프 윗면의 나무 손잡이 부분을 더스팅한 반죽 중앙에 놓고 손잡이가 작업대에 닿을 때까지 지그시 누른다. 그다음 벤치 나이프로 로프

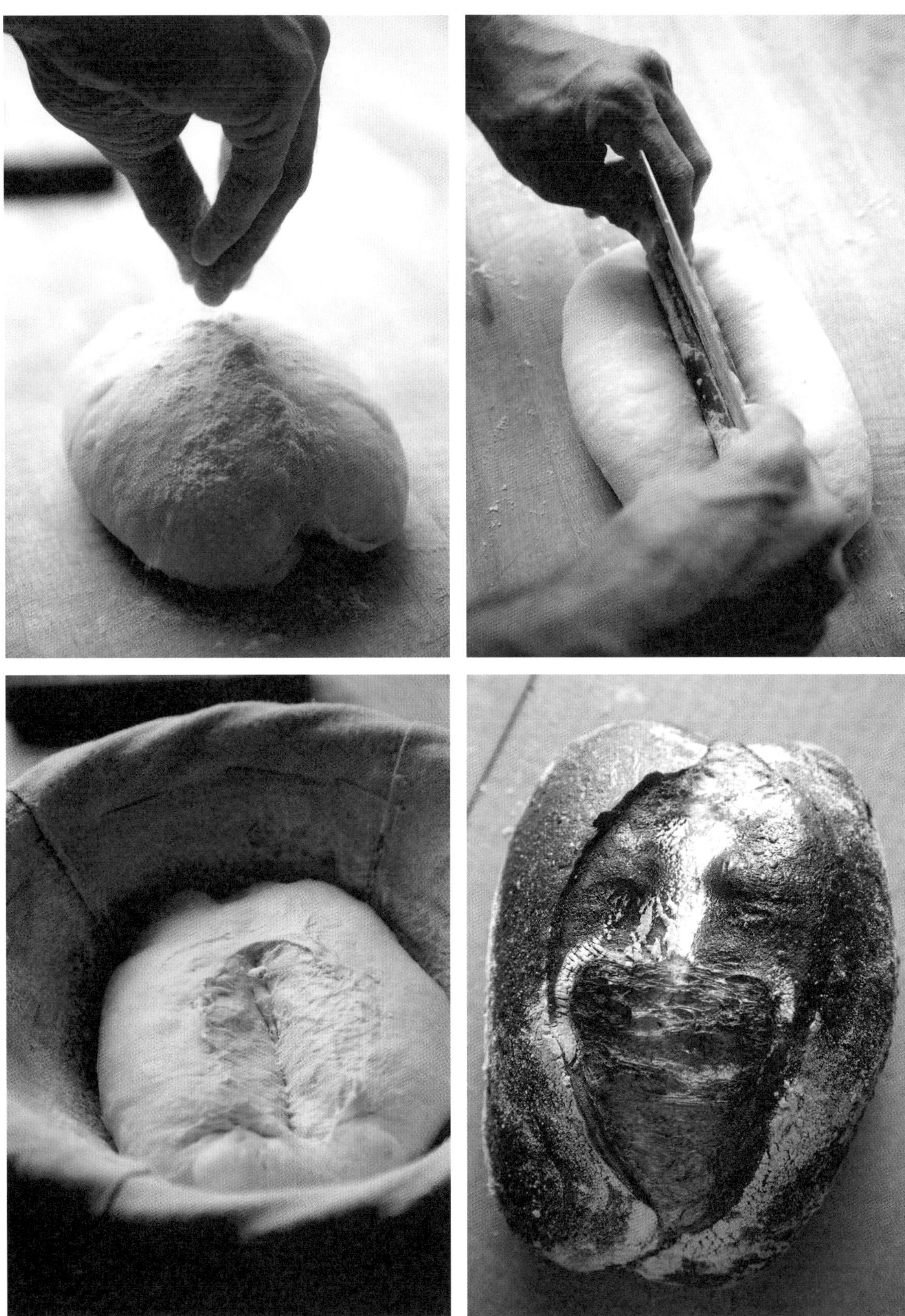

를 들어올려 밀가루를 뿌린 키친타월 위에 이음매 부분이 위로 올라오도록 놓는다. 그렇게 2~3시간을 숙성시킨다.

　로프에 스코어를 넣지 않는다. 바게트를 굽는 방식대로 굽는다.

푸가스Fougasse

전통적인 프랑스 남부의 플랫 브레드인 푸가스는 허브를 비롯해 올리브와 라르동(lardon)[3]과 함께 먹으면 진한 풍미를 느낄 수 있는데, 푸가스를 구울 때는 열판에 로프를 밀어넣기 바로 직전에 나뭇잎이나 사다리 모양으로 자른다. 반죽은 포카치아 같은 직사각형 형태로 눌러주고 오븐 열판 위로 로프를 옮겨 굽기 전, 나무 주걱 위에서 벤치 나이프로 반죽을 신속하고 깔끔하게 자른다.

　위의 사진은 담백한 플레인 반죽으로 만든 푸가스이다. 만약 허브, 올리브 혹은 라르동으로 맛을 더하고 싶다면, 베이직 컨트리 브레드의 응용(88~93쪽) 설명을 따라 첫 번째 뒤집기를 한 다음 1차 발효 초기에 원하는 재료들을 혼합한다. 취향에 따라 오븐에서 막 꺼낸 뜨거운 푸가스에 신선하거나 말린 허브, 소금을 뿌려 간을 하고 올리브 오일을 살짝 발라 먹을 수도 있다.

3　베이컨 또는 염장 삼겹살

2개 혹은 3개의 로프 만들기:
바게트 반죽 레시피(126쪽)

레시피에 따라 바게트 반죽을 준비한다. 1차 발효가 완료되면 반죽을 나누고 쉬게 둔다. 그런 다음 한 번에 반죽 하나씩을 직사각형 모양으로 만들어야 하는데, 우선 반죽의 여러분 몸쪽 1/3 지점을 잡아 올려 3등분의 중간 지점에 접는다. 반죽의 양 끝을 살짝 잡아당긴다. 반죽 오른쪽의 1/3 가량을 중간 지점으로 접고, 반죽 왼쪽의 1/3도 마찬가지로 중간 지점에 접어 붙인다. 그리고 나서, 여러분에게서 먼 쪽 반죽의 1/3 부분을 편지봉투 입구를 접듯이 중간 지점으로 접어 꾹 누른다. 반죽이 더 팽팽해지도록 벌어진 부분을 단단히 눌러준다. 이제 손바닥과 손가락을 함께 이용해 반죽을 몸쪽으로 여러 번 굴리는데, 반죽이 팽팽해지도록 가장자리를 꾹 눌러준다. 두께가 3.8cm 정도 될 때까지 반죽을 지그시 누른다. 그렇게 2~3시간을 숙성시킨다.

푸가스 로프들을 밀가루를 뿌린 피자용 나무 주걱 위로 옮긴다. 벤치 나이프를 이용해 반죽에 무늬를 만들면서 나이프가 나무 주걱 바닥에 닿을 때까지 누르는데, 이때 반죽의 가장자리까지 자르지 않도록 조심해야 한다. 자른 부분이 벌어지도록 잡아당긴다. 바게트를 굽는 방식대로 굽는다.

잉글리시 머핀ENGLISH MUFFIN

토마스(Thomas')[4]를 먹으며 자란 사람 중 하나인 내가 생각하는 이상적인 잉글리시 머핀은 그리들(griddle)[5]에 구운 머핀 케이크의 부드러운 질감에 내상에는 구멍이 송송 난 것으로, 그 위에 버터를 흥건히 녹여 굽고 홈메이드 잼을 발라서 먹으면 완벽하다.

내가 원하는 열린 질감을 만들 수 있는 확실한 선택은 베이직 컨트리 브레드 반죽이었다. 초기 테스트 결과는 썩 괜찮았다. 그러나 나에게는 둥그런 잉글리시 머핀 형태의 특징을 유지하면서도 이를 반으로 자른 다음 그리들로 옮기는 모든 과정을 견딜 수 있을 만큼 조금은 더 단단한 반죽이 필요했다. 바게트 반죽이 그 문제를 바로 해결해주었다. 바게트 반죽은 잉글리시 머핀의 모양을 잡아줄 정도로 단단했고, 열린 구조와 부드러운 내상을 줄 만큼 충분히 유연했으며, 풀리시로 추가 탄력까지 받아 전체적으로 훨씬 가벼운 질감의 머핀을 만들어냈다.

나는 반죽이 아침에 준비되어, 자연스러운 시간을 거쳐 잉글리시 머핀이 만들어질 수 있게 하는 생산 일정과 기술을 원했다. 이를 위한 가장 좋은 방법은 전날에 반죽을 만들어서 냉장고에 넣어놓고, 다음 날 아침 아무 때나 조리할 수 있게 하는 것이다. 잉글리시 머핀은 아주 맛있게 구워지고, 하루나 이틀 정도 미리 만들어 놓을 수도 있겠지만, 그리들에서 신선하게 구워 나오는 그 맛을 따라갈 수는 없다.

열린 내상의 잉글리시 머핀을 만드는 성공의 열쇠는 반죽을 최소로 만져 부드럽게 유지하는 것이다. 반죽은 향과 기공이 발달되도록 1차 발효 시간을 충분히 가져야 한다.

---

4 영국 출신의 베이커인 사무엘 토마스(Samuel Thomas)가 만든 잉글리시 머핀이 1880년 뉴욕에 있는 그의 베이커리의 최고 히트 상품이었는데, 이후 대규모로 상품화되었고 대다수의 미국인들이 잉글리시 머핀 하면 이 브랜드를 떠올린다.
5 주로 사각형 모양의 주철로 만든 된 구이용 요리 기구로, 미국인들은 여기에 팬케이크를 비롯한 다양한 요리를 한다.

12~14개의 잉글리시 머핀 만들기:
바게트 반죽 레시피(126쪽)
더스팅용 쌀가루와 다목적용 통밀가루를 섞은 것
옥수수 가루 (선택 사항)
무염 버터 1컵

레시피에 따라 바게트 반죽을 준비한다. 3~4시간 동안 1차 발효가 일어나도록 한다. 이 과정 동안 반죽을 한두 번 정도 가볍게 뒤집기 해준다.

테를 두른 베이킹 시트에 키친타월을 올려놓고 쌀가루와 섞은 통밀가루로 더스팅한다. 가루를 골고루 잘 뿌려놓지 않으면 머핀 반죽이 끈적일 수 있고, 나중에 타월에서 떼어내려고 억지로 힘을 주다가 반죽 모양이 망가지고 요리할 때도 균일하게 부풀어 오르지 않게 될 수 있다. 밀가루보다 옥수수 가루를 사용하면 잉글리시 머핀의 대표적 모양(동그란 외관에 노란색 가루가 뿌려진 단단한 모양)이 나오겠지만, 옥수수 가루를 이용한 잉글리시 머핀은 그리들에서 요리할 때 쉽게 타는 경향이 있다.

1차 발효가 완료된 이후, 밀가루를 충분히 뿌린 키친타월 위에 반죽을 뒤집어놓고 10분 동안 쉬게 한다. 쌀가루와 섞은 통밀가루를 뿌려 더스팅하고, 반죽의 두께가 0.6~2.5cm 정도가 될 때까지 반죽 중간 부분을 눌러 편다. 얇게 하는 것보다 두께가 일정하게 하는 것이 중요하다. 키친타월로 반죽을 덮고 냉장고에 넣어 밤새 숙성시킨다.

잉글리시 머핀을 요리하기 약 30분 전에 반죽을 냉장고에서 꺼낸다. 주철로 만든 스튜용 냄비나 그리들, 7.6cm 정도 지름의 원형 쿠키 커터, 스패츌러[6]를 준비한다. 센 불에서 작은 소스 팬에 버터를 녹인다. 버터가 끓어오르면 뜨거운 버터를 고운 체로 걸러 내열성이 있는 컵에 담는다. 버터가 완벽하게 투명해지지 않아도 된다. 우유의 고형 성분을 어느 정도 제거하는 정도로도 버터가 타는 것을 막아주기 때문이다.

살짝 약한 불에서 스튜용 냄비를 달군다. 정제 버터를 적당히 둘러 냄비 바닥을 코팅한다. 쿠키 커터를 이용해 팬으로 옮길 준비가 된 반죽을 찍어낸다. 동그란 반죽을 조심스럽게 들어 팬에 올린다. 약 30cm 지름의 냄비라면 잉글리시 머핀 반죽 두세 개 정도는 올릴 수 있다. 2분이 지나면 머핀은 거의 5cm 높이로 부풀어 오를 것이다. 일정하게 부풀어 오르지 않아도 머핀들을 뒤집으면 평평해지니 걱정할 필요는 없다. 밑면에 진한 갈색이 돌기 시작하면 스패츌러로 머핀을 뒤집고 평평하게 구워지도록 살짝 눌러준다. 다른 면들도 짙은 갈색을 띨 때까지 약 2~3분간 더 굽는다. 머핀의 위아래는 모두 짙은 갈색에 겉은 바삭바삭해야 하며, 가장자리는 밝고 은은한 빛깔이어야 한다.

머핀을 냄비에서 꺼낸 다음 바로 뜨거운 상태로 내놓거나 혹은 랙에서 식힌다. 냄비를 깨끗하게 닦고, 남은 머핀들도 이와 같은 과정으로 만든다. 취향에 따라 완성된 머핀에 옥수수 가루를 뿌려준다.

내놓을 때는 포크로 머핀의 옆면을 찍어서 갈라놓는다. 내기 직전에 머핀을 팬에 살짝 구워내는 이

---

6 여기서 말하는 것은 막대 주걱 같은 실리콘 스패츌러나 반죽용 스패츌러가 아닌, 길고 유연한 금속판을 가진 뒤집기 역할을 하는 도구를 말한다.

상 2~3일 동안 실온에 놓아두어도 상관없지만, 수분이 날아가지 않도록 브레드 박스에 보관하거나 파
치먼트 페이퍼로 말아놓는다. 남은 잉글리시 머핀은 냉동실에 넣어 보관했다가, 내놓을 때는 2시간 동
안 실온에서 녹인 뒤 굽는다.

브리오슈와 크루아상BRIOCHE AND CROISSANT

"나는 빵을 좋아한다. 그리고 버터를 좋아한다. 그렇지만 나는 버터 바른 빵을 가장 좋아한다."

이는 새라 와이너(Sarah Weiner)[7]가 좋아하는 것들에 대한 예찬으로 한 말이다. 이 말을 할 때 새라는 고작 일곱 살이었지만 또래 아이답지 않게 조숙했다.

프랑스 전통에는 브레드와 버터의 연금술이라 할 만큼, 두 가지를 결합해서 만들어내는 어마어마한 방법들이 있다.

주목할 만한 두 가지 기술을 언급하자면, 바로 브리오슈와 크루아상이다. 이 둘은 기본 브레드 반죽으로 시작한다. 브리오슈 반죽의 경우, 저배합 브레드 반죽[8]에 버터를 넣어 비단처럼 곱고 풍미가 강화된 반죽으로 만든다. 버터로 브레드 반죽 사이를 감싸 층층이 겹쳐서 만든 크루아상 반죽은 버터가 우아한 결을 만들고 바삭거리면서도 얇은 껍질인 플레이크를 형성하는 페이스트리가 된다.

전통적으로 브리오슈 반죽은 천연 르뱅으로 만들었다. 크루아상 반죽은 천연 르뱅과 이스트의 혼합물을 주로 사용했다. 바게트 레시피에서처럼 이는 한 세기 이상을 거슬러 올라가는 기술의 응용으로, '르뱅 드 파트'라고 부른다. 천연 르뱅을 능숙하게 다루는 숙련된 베이커들이 부족해지면서, 우리는 영양이 풍부하고 달콤한 브레드를 만들어내는 기술을 거의 다 잃어버렸다. 어린 르뱅을 다루는 기술이 있어야 탁월한 결과물을 낼 수 있는 만큼, 이는 부끄러운 일이 아닐 수 없다.

천연 르뱅과 풀리시의 조합 같은 풍미 가득한 요소가 들어간 반죽은 영양이 강화되고 버터가 가득한 페이스트리에 완벽한 밸런스를 창조해낸다. 크루아상과 브리오슈의 보존력은 르뱅과 풀리시를 통해 향상되며, 며칠이 지났어도 오븐에서 구워주면 다시 그 맛이 되살아나는 것이다.

크루아상과 브리오슈를 만드는 반죽은 바게트 반죽과 유사한데, 물 대신 우유를 쓴다. 브리오슈는 달걀이 주된 액상 재료의 비율을 담당한다. 각 레시피는 어린 르뱅과 풀리시를 조합해 쓰고 있다. 설탕은 미묘한 달콤함과 풍미를 맞추기 위해 추가된다. 적은 양의 액티브 드라이 이스트는 오븐 스프링이 적절히 일어나도록 해주고, 깊고 진한 반죽들을 가벼운 질감으로 바꿔준다.

브리오슈BRIOCHE

브리오슈는 이 책에서 전기 믹서기가 필요한 유일한 반죽이다. 반죽을 길고도 일정한 힘으로 돌려 버터와 완벽히 섞이게 해야 한다. 반죽에 들어가는 버터 양은 밀가루 전체 무게의 45%. 브리오슈는 달고 향긋한 재료들을 많이 사용하고 있어서 며칠간 보관해도 괜찮다.

이 레시피는 브리오슈 반죽 1.8kg을 만들어낸다. 액티브 드라이 이스트를 첨가하기 때문에, 반죽은 냉동 용기에 담아 냉동시켜도 변질되지 않는다. 만약 여러분이 냉동 반죽을 사용한다면, 만들기로 한 전날 밤에 냉동실에서 냉장실로 옮겨 밤새 해동되도록 둔다. 이제 브리오슈를 굽기 위한 몰드(mould)가 필요하다. 타르틴에서는 로프 팬을 이용한다. 커피 캔도 괜찮다. 여러분이 선택한 몰드가 무엇이든 표면에 반죽이 달라붙기 쉽다면 녹인 버터나 올리브 오일로 브러싱을 해야 나중에 완성된 브리오슈를 몰드

---

7 샌프란시스코를 베이스로 한 'SEEDING PROJECT'의 공동 창업자로 슬로우 푸드와 관련된 많은 강연과 모금 활동을 하고 있다. 건강한 음식 문화를 위한 오가닉 푸드 페스티벌 제작자로도 활발히 활동 중이며, 'GOOD FOOD AWARDS'의 총감독이다.
8 밀가루, 물, 소금 외에 다른 부재료가 들어가지 않거나 소량만 첨가된 반죽을 말한다.

바게트와 영양 강화 브레드

에서 분리할 때 달라붙지 않는다.

4~6개의 브리오슈 만들기:

풀리시POOLISH
다목적용 밀가루 200g
물(섭씨 24도) 200g
액티브 드라이 이스트 3g

르뱅LEAVEN
숙성된 스타터(47쪽) 1Tbsp
다목적용 밀가루 200g
물(섭씨 약 27도) 200g

브리오슈

재료	양	베이커의 백분율(%)
브레드용 밀가루	1,000g(1kg)	100
소금	25g	2.5
설탕	120g	12
액티브 드라이 이스트	10g	1
큰 달걀	500g	50
우유	240g	24
르뱅	300g	30
풀리시	400g	40
무염 버터	450g	45

달걀물
큰 달걀노른자 2개
헤비 크림 1tsp

풀리시를 만들기 위해 볼에 밀가루, 물, 이스트를 넣어 섞는다. 3~4시간 동안 따뜻한 실온(약 섭씨 24~27도)에 두거나 냉장고에 밤새 놓아둔다.

르뱅을 만들기 위해, 성숙한 스타터를 볼에 넣는다. 밀가루와 물로 영양분을 주고 49쪽에 나와있는 1단계를 따라 한다.

풀리시와 르뱅이 물에 뜨면 준비된 것이다. 소량의 풀리시와 르뱅을 물에 떨어뜨려서 둘 중 하나라도

가라앉으면 아직 사용할 수 있는 상태가 되지 않은 것이므로, 발효 시간을 더 줄 필요가 있다.

브리오슈 반죽을 하기 약 30분 전에 버터를 냉장고에서 꺼낸 다음 차갑고 유연한 상태가 될 때까지 실온에 두어 부드럽게 만든다.

브리오슈 반죽을 하기 위해 스탠드 믹서기에 훅(hook)[9]을 끼운다. 밀가루, 소금, 설탕, 이스트를 믹싱 볼에 넣는다. 달걀, 우유, 르뱅 그리고 풀리시를 추가해서 모든 재료가 혼합될 때까지 낮은 속도에서 3~5분간 섞어준다. 믹서기를 돌리다가 중간에 고무 스패츌러로 믹싱 볼에 붙어있는 반죽을 아래로 긁어내려야 반죽 전체에 믹서의 힘이 골고루 닿을 수 있다. 15~20분 동안 믹싱 볼에 반죽을 그대로 두고 쉬게 한다.

반죽을 휴지시킨 뒤, 반죽이 믹싱 볼 벽에서 자연스럽게 떨어질 때까지 중간 속도에 놓고 6~8분가량 돌린다. 반죽이 잘 떨어진다는 것은 버터를 섞어도 될 만큼 충분히 발달되었다는 표시이다. 이때 버터는 부드럽고 유연하지만 여전히 차갑고 녹지 않은 상태여야 한다.

버터를 약 1.3cm의 조각으로 자른다. 믹서기의 속도를 중간으로 맞춰놓고 반죽을 돌리면서, 믹서기의 훅이 반죽과 만나는 지점에 조각 버터를 한 번에 하나씩 집어넣는다. 버터가 반죽에 모두 잘 섞일 때까지 계속한다. 반죽은 작은 버터 조각도 보이지 않을 만큼 비단처럼 매끄럽고 균일한 질감을 갖게 될 것이다.

반죽을 볼에 옮겨 담고 차가운 장소(섭씨 21도)에서 1차 발효를 위해 2시간 동안 놓아둔다. 처음 1시간 동안 56쪽 5단계를 따라 반죽에 두 번의 뒤집기를 해준다. 그다음 남은 1시간 동안에는 한 번만 뒤집기를 한다. 만약 여러분이 반죽을 그다음 날에 성형하고 싶다면, 두 시간에 걸친 1차 발효 이후 냉동 전용 용기에 반죽을 담아 3~5시간 동안 냉동한 다음 냉장실로 옮겨 밤새 둔다. 이와 반대로 반죽하고 발효한 당일에 브리오슈를 굽고 싶다면, 1차 발효는 반드시 차가운 장소에서 이뤄지게 해야 한다. 그렇지 않으면 버터가 표면에 녹아내리면서 반죽이 매우 기름진 상태가 될 것이다.

반죽을 성형하기 직전, 브리오슈 몰드에 녹인 버터를 발라준다. 밀가루가 없는 작업대 위에 믹싱 볼을 올려놓고 반죽용 스패츌러로 반죽을 꺼낸다. 벤치 나이프로 반죽을 똑같이 4~6등분한다. 각각의 반죽 조각을 58쪽 6단계대로 하며 로프 모양으로 성형한다.

성형한 반죽을 몰드에 넣고 외풍이 없는 따뜻한 실온(약 섭씨 24도)에 1시간 반~2시간 동안 두어 숙성시킨다.

오븐을 섭씨 232도로 예열한다.

작은 볼에 달걀노른자와 크림을 넣어 휘저어주며 달걀물을 만들고 각 로프 위에 발라준다. 로프들이 짙은 갈색을 띨 때까지 35~40분가량 굽는다. 몰드에서 꺼낸 로프들을 랙에 놓고 식힌다. 모든 과정이 끝난 뒤 완성된 브리오슈 로프를 손에 들었을 때의 느낌은 가벼워야 하고 잘 구워진 버터의 진한 향이 나야 한다.

---

9 믹서기에 달린 갈고리 모양의 반죽도구로 주로 빵을 만드는 데 이용한다.

올리브 오일 브리오슈 OLIVE OIL BRIOCHE

이 브리오슈는 올리브 오일을 버터보다 쉽게 구할 수 있었던 시기에 프랑스 남부 지방에서 유래된 것으로 알려져있다. 버터 브리오슈는 깊고 진한 풍미로 가득한 로프인 반면, 올리브 오일 브리오슈는 버터 브리오슈의 먼 사촌 정도로 강한 향을 풍기는데 그 기원과 연관이 있다. 필수적인 재료는 아니지만 오렌지 블로섬 워터와 곁들이면 전통적이면서도 그 맛이 매우 좋다.

오일 브리오슈의 특징은 여러분이 어떤 올리브 오일을 선택하느냐에 달려있다. 타르틴에서는 완성된 브리오슈에서 올리브 오일의 향이 나기를 원하므로 강한 향의 엑스트라 버진 올리브 오일을 쓰고 있다. 생각 외로 올리브 오일 브리오슈의 풍미는 버터 브리오슈와 크게 다르지 않다. 올리브 오일 브리오슈는 어떤 레시피에서든 버터 브리오슈를 대신할 수 있다.

브리오슈 반죽은 당일에 구워 내거나 냉장고에 넣어 밤새도록 숙성을 지연한 반죽을 이용해 구우면 되는데, 사용하지 않은 반죽은 일주일까지는 냉동실에 보관해도 된다.

4~6개의 브리오슈 만들기:

브리오슈

재료	양	베이커의 백분율(%)
풀리시	400g	40
르뱅	300g	30
브레드용 밀가루	1,000g(1kg)	100
소금	25g	2.5
액티브 드라이 이스트	15g	1.5
큰 달걀	500g	50
우유	240g	24
꿀	160g	16
오렌지 블로섬 워터	50g	5
엑스트라 버진 올리브 오일	450g	45

달걀물
큰 달걀노른자 2개
헤비 크림 1tsp

144~149쪽의 브리오슈 레시피에 나와있는 대로, 풀리시와 르뱅을 준비한다.

스탠드 믹서기에 훅을 끼운다. 밀가루, 소금, 이스트를 믹싱 볼에 넣는다. 달걀, 우유, 르뱅, 풀리시, 그리고 꿀과 오렌지 블로섬 워터를 추가해서 재료들이 모두 혼합될 때까지 낮은 속도로 3~5분 동안 믹서기를 돌리는데, 중간에 스패출러로 믹싱 볼에 붙어있는 반죽을 아래로 긁어내려야 믹서의 힘이 반죽 전체에 골고루 닿을 수 있다. 15~20분가량 믹싱 볼에 반죽을 그대로 두고 쉬게 한다.

반죽을 휴지시킨 뒤, 반죽이 믹싱 볼 안쪽 벽에서 자연스럽게 떨어질 때까지 믹서기를 중간 속도에서 높은 속도로 조정해가면서 6~8분가량 돌린다. 반죽이 잘 떨어진다면 올리브 오일과 섞어도 될 만큼 충분히 발달되었다는 표시이다. 믹서기를 중간 속도로 놓고 올리브 오일을 일정하게 계속 추가하는데, 반죽이 올리브 오일과 무리 없이 골고루 섞일 수 있도록 띄엄띄엄 부어야 한다. 오일이 모두 잘 섞인 다음에 보면, 반죽은 비단처럼 매끄럽고 균일한 질감을 갖게 된다.

반죽을 볼에 옮겨 담고 차가운 장소(섭씨 21도)에서 1차 발효를 위해 2시간 동안 놓아둔다. 처음 1시간 동안 반죽을 두 번 뒤집기하는데, 56쪽 5단계를 따라 하면 된다. 그다음 남은 1시간 동안에는 한 번만 뒤집기를 한다.

만약 여러분이 반죽을 그다음 날에 성형하고 싶다면, 두 시간에 걸친 1차 발효 이후 냉동 전용 용기에 반죽을 담아 3~5시간 동안 냉동한 다음 냉장실로 옮겨 밤새 둔다.

반죽을 성형하기 직전, 브리오슈 몰드에 녹인 버터를 바른다. 반죽용 스패츌러를 이용해서 볼에서 반죽을 꺼내 밀가루를 뿌리지 않은 작업대 위에 놓는다. 벤치 나이프를 이용해서 반죽을 똑같이 4~6등분한다. 각각의 조각을 58쪽 6단계대로 로프 모양으로 만든다.

성형된 반죽을 몰드에 넣고 외풍이 없는 따뜻한 실온(약 섭씨 24도)에 1시간 반~2시간 동안 두어 숙성시킨다.

오븐을 섭씨 232도로 예열한다.

작은 볼에 달걀노른자와 크림을 넣어 휘저으며 달걀물을 만들고 각 로프 위에 발라준다. 로프들이 짙은 갈색을 띨 때까지 35~40분가량 굽는다. 몰드에서 꺼낸 로프들을 랙에 놓고 식힌다. 손에 들었을 때 로프는 가벼운 느낌이 나고 올리브 오일과 오렌지 블로섬 향이 난다.

브리오슈의 응용 VARITION ON BRIOCHE

베녜 Beignets

브리오슈 반죽을 재빨리 튀겨 레몬 글레이즈에 흠뻑 적신 다음, 메이플 시럽으로 코팅한 피칸을 잔뜩 묻혀 만드는 우리의 베녜는 타르틴에서 언제나 준비해놓고 있는 재료들로 만든다. 프리터(fritter) 같은 이런 튀김 종류의 경우, 브리오슈 반죽을 미리 해두었다면 만들기 매우 쉽다. 반죽에서 200g만 떼내어 베녜를 만들기 위해 한쪽 옆에 잘 챙겨두자.

약 12개의 베녜 만들기:
더스팅용 다목적용 밀가루
브리오슈 반죽(144쪽) 200g

메이플 피칸 MAPLE PECANS

메이플 시럽 2Tbsp

콘 시럽 2Tbsp

굵은 설탕 2Tbsp

소금 1/8tsp

피칸 2컵

레몬 글레이즈 LEMON GLAZE

레몬 3개분 제스트와 약 2/3컵 분량의 주스

굵은 설탕 1컵

슈거 파우더 1/2컵

튀김용 올리브 혹은 해바라기 오일

빵을 내기 약 2시간 전에 베녜를 성형한다. 반죽과 작업대에 살짝 밀가루를 뿌린다. 반죽을 굴리면서 지름 약 1.3cm 크기의 길고 둥근 실린더 모양으로 만든다. 만약 반죽이 더 이상 늘어나지 않을 것 같으면 10분 동안 쉬도록 둔 다음 다시 굴린다. 반죽을 도마 위에 옮겨 외풍이 들지 않는 곳에 놓아두거나 키친타월로 덮어둔다. 반죽이 부드럽게 부풀어 보일 때까지 숙성시키는데, 1~2시간이 소요된다.

그 사이 메이플 피칸을 만들기 위해, 오븐을 약 섭씨 204도로 예열한다. 테를 두른 베이킹 시트에 파치먼트 페이퍼를 올려놓는다. 볼에 메이플 시럽, 콘 시럽, 굵은 설탕, 소금을 넣고 휘젓는다. 피칸을 첨가하고 볼을 흔들어 재료들을 굴린다. 코팅된 피칸을 베이킹 시트 위에 평평하게 놓는다. 견과를 굽다가 혼합한 시럽들이 거품을 내며 끓기 시작하면 3~4분마다 시럽이 잘 분산되도록 견과 혼합물을 휘저어준다. 시럽이 질퍽해지고 거품이 느리게 생기면 완성된 것으로, 15분 정도 걸린다. 팬 위에 놓은 그대로 식힌다. 다 식은 피칸은 바삭거려야 한다. 이제 견과를 곱게 자른다.

레몬 글레이즈를 만들기 위해서는 레몬 제스트와 레몬 주스, 굵은 설탕과 슈거 파우더를 볼에 넣고 휘저어 섞는다.

묵직하고 속이 깊은 팬에 오일을 5~7.6cm 정도까지 올라오도록 붓는다. 약간 센 불에서 튀김 온도계가 섭씨 191도를 가리킬 때까지 달군다.

튀김을 할 때는 안전하고 효과적인 작업을 위해 주방 주변을 순서대로 세팅해두고 시작하면 좋다. 스토브 근처에 랙을 놓고 그 안에 한두 장의 페이퍼 타월을 깔아둔다. 또 넓은 스푼 바닥에 구멍이 송송 난 스테인리스 슬로티드 스푼(slotted spoon)이 필요한데, 이는 베녜를 뒤집을 때나 다 튀겨낸 다음 기름에서 꺼낼 때 쓴다. 반죽을 약 5cm 길이의 사선 방향으로 자르거나 원하는 모양대로 잘라 스토브 옆에 놓는다.

자른 반죽의 4조각을 뜨거운 오일 속으로 조심스럽게 넣고 짙은 갈색이 될 때까지 약 1분 정도 뒤집지 말고 그대로 튀긴다. 슬로티드 스푼으로 반죽을 돌리고 뒤집은 면이 갈색이 될 때까지 약 1분 정도 튀긴다.

오일에서 베녜를 꺼내어 그물망에 옮겨 담는다. 중간중간 기름의 온도를 체크하면서, 남아있는 반죽 조각들도 마찬가지로 튀겨낸다. 필요하다면, 튀김을 새로 할 때마다 1~2분가량 기름 온도가 맞춰질 때까지 기다렸다가 튀겨 낸다.

베녜가 충분히 식었을 때 레몬 글레이즈에 담가 적신 다음, 잘게 자른 피칸을 골고루 묻혀 낸다. 피칸 가루들이 베녜에 달라붙어야 하며, 글레이즈는 베녜가 식으면서 살짝 단단해질 것이다. 따뜻할 때 혹은 적당히 식혀 내놓는다.

브리오슈 라르동Brioche Lardon

이 향긋하고 맛있는 브리오슈는 샌프란시스코의 페리 빌딩(Ferry building)[10]에 있는 '블레츠 라더 (Boulette's Larder)'에서 아마릴 슈워트너(Amaryll Schwertner)가 손수 제작한 온갖 종류의 간식을 즐겨 먹다가 그중 하나에서 영감을 받은 것이다. 3~4일 정도는 그 풍미가 유지되는 이 브레드는 복숭아 혹은 자두로 만든 잼과 함께 토스트로 먹는 방법이 있고, 아니면 아마릴이 한 대로 무화과 설탕 조림과 먹으면 가장 맛있다. 반으로 갈라서 구운 라르동 번(bun)은 달걀 프라이 샌드위치로 먹으면 더할 나위 없는 맛을 준다.

2개의 로프 만들기:

브리오슈 반죽(144쪽) 907g

두툼한 스모크 베이컨이나 판체타(pancetta) 227g을 막대 모양(기름과 살 부위가 동시에 들어간 방향으로 수평으로 놓인 베이컨을 수직으로 자른 모양)으로 잘라놓은 것

구워서 크게 자른 헤이즐넛 3/4컵

줄기를 제거한 신선하고 작은 타임 1다발

오렌지 1개분 제스트

신선하게 빻은 후추 1tsp

녹인 무염 버터 2Tbsp

---

10 요리와 관련된 다양한 가게들과 카페, 레스토랑으로 가득한 마켓 빌딩으로 유명한 샌프란시스코의 관광지

브리오슈 반죽을 만들 때 1차 발효 이전에 믹싱 볼에서 약 907g의 반죽을 떼어놓는다.

넓은 볼에 베이컨, 헤이즐넛, 타임, 오렌지 제스트, 후추를 넣고 모두 휘저어준다. 이것을 떼어놓은 브리오슈 반죽에 넣고 손으로 잘 섞어준다.

따뜻한 실온(약 섭씨 27도)에서 2시간가량 숙성되도록 둔다. 56쪽의 5단계를 따라 하면서, 한 시간마다 반죽을 한 번씩 뒤집는다. 10cm 정도의 지름에 높이가 비교적 높은 링 모양 4개의 몰드 안쪽에 녹인 버터를 바른다. 베이킹 시트에 파치먼트 페이퍼를 올리고 바닥에 밀착되도록 한다. 베이킹 시트에 준비된 몰드를 배치한다. 반죽을 작업대 위에 뒤집어 꺼낸 다음 4등분한다. 각각의 반죽을 둥근 모양으로 만들어 링 몰드에 넣는다.

따뜻한 실온(약 섭씨 27도)에서 1시간 반~2시간가량 숙성되도록 둔다.

오븐을 섭씨 218도로 예열한다. 브리오슈가 노릇노릇해질 때까지 35~40분 정도 굽는다. 브리오슈를 몰드에서 빼내고 식힘망 위에 놓는다. 신선한 상태로 혹은 구워서 내놓는다.

구겔호프Kugelhopf

전통적인 프랑스 알자스 지방의 브리오슈 브레드인 구겔호프는 보통 각종 기념일을 축하하기 위해 만든다. 구겔호프 몰드는 일반적으로 겉에 글레이즈를 바르지 않은 브레드를 구울 때 이용한다. 전통에서 벗어난 방법이긴 하지만 금속 재질의 번트(Bundt) 팬[11]을 쓰면 완벽한 결과물이 만들어진다. 구겔호프를 갓 구운 다음 혹은 관습대로 하루나 이틀 정도 지난 뒤에 내놓으면 된다.

구겔호프 1개 만들기:

브리오슈 반죽(144쪽) 907g

말린 커런트 1/2컵

슈냅스(Schnapps)[12], 마크(marc)[13] 또는 그라파(Grappa)[14]

잘게 자른 말린 호두 1컵

구운 피스타치오 1/4컵

카다몬(cadamon) 가루 1/2tsp

오렌지 블로섬 워터 1Tbsp

녹인 무염 버터 1/2컵

아몬드 12개

컨펙셔너 슈거[15] 1/4컵

---

11 가운데에 작은 구멍이 나고 사선의 형태를 만들어내는 브레드를 만들 때 사용하는 독특한 모양의 몰드
12 네덜란드 진의 일종으로 독한 술
13 포도주를 만들고 남은 포도 찌꺼기로 만든 독한 술
14 포도로 만드는 이태리의 독한 술
15 설탕을 이용해서 만드는 음식을 만드는 이들을 컨펙셔너(confectioner)라고 부르는데, 그들이 쓰는 설탕이라고 하여 이런 이름
    이 붙었다. 베이킹에서 쓰는 일반적인 굵은 입자의 흰색 설탕과는 구분되며, 보통은 슈거 파우더를 사용한다.

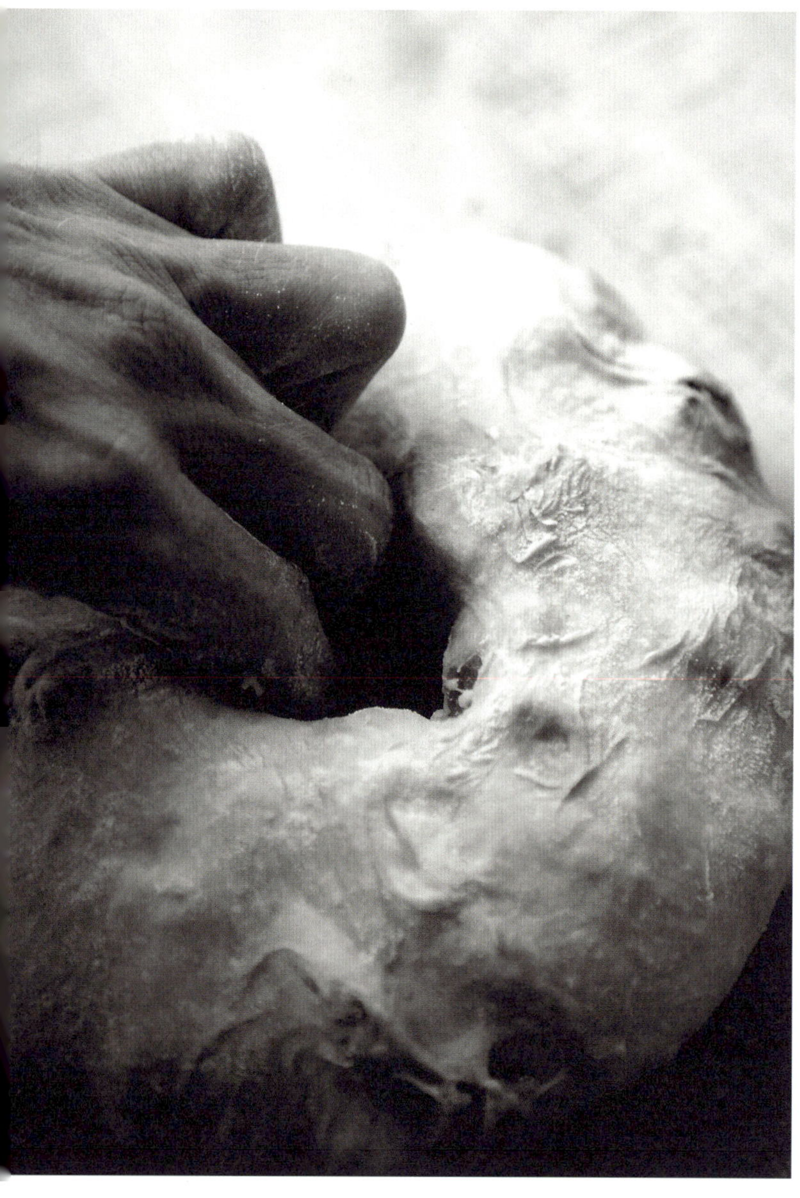

브리오슈 반죽을 만들 때, 1차 발효 전에 믹싱 볼에서 약 907g의 반죽을 떼어놓는다.

만들기 하루 전날, 커런트를 작은 볼에 담고 술을 채운다. 밤새도록 커런트가 이를 흡수하도록 둔다. 다음 날 커런트는 체에 걸러내고, 거른 술은 버리지 말고 따로 보관해둔다.

커다란 볼에 밤새 재운 커런트, 호두, 피스타치오, 카다몬 가루, 오렌지 블로섬 워터를 넣어 함께 고루 섞는다. 혼합한 재료들을 브리오슈 반죽에 넣고 손으로 잘 섞는다.

따뜻한 실온(약 섭씨 27도)에서 2시간 가량 숙성시킨다. 56쪽 5단계를 따라 하면서, 한 시간마다 반죽을 한번씩 뒤집는다. 반죽을 작업대 위에 꺼내놓고 둥근 모양으로 성형한다. 구겔호프 몰드의 안쪽에 녹인 버터로 브러싱을 하고 왕관처럼 생긴 구겔호프 몰드의 주름진 바닥에 아몬드를 한개씩 놓는다. 반죽 중앙에 구멍을 내고 반죽의 이음매가 위로 향하게 해서 반죽을 몰드에 넣는다. 따뜻한 실온(약 섭씨 27도)에서 1시간 반~2시간가량 부풀어 오르도록 내버려둔다.

오븐을 섭씨 218도로 예열한다. 구겔호프가 짙은 갈색을 띨 때까지 35~40분가량 굽는다. 몰드에서 구겔호프를 빼낸 뒤, 식힘망 위에 올려놓고 브레드가 여전히 따뜻한 상태에서 녹인 버터를 발라준다. 컨펙셔너 슈거로 넉넉히 더스팅을 하고, 커런트를 재웠던 술을 발라준다. 하루나 이틀 정도 지난 뒤 내놓을 것이면, 완전히 식은 구겔호프를 랩으로 둘둘 말아 실온에 놓아둔다. 내놓기 전에 컨펙셔너 슈거로 다시 더스팅한다.

크루아상CROISSANTS

바게트 반죽에서 크루아상 반죽을 만들려면 동일한 스위트 브레드 반죽으로 시작하지만, 물 대신에 우유가 들어가고 설탕이 약간 추가된다는 점이 다르다. 반죽을 하고 나면 봉투로 싸듯이 버터로 겹겹이 감싸서, 반죽과 버터가 일정하게 여러 번 교차된 아주 얇은 층을 만든다. 설명이 실제보다 훨씬 더 복잡하게 들리겠지만, 이는 정통 크루아상에서 기대되는 바삭바삭하고 가벼운 층들을 만들어낸다. 아주 잘 만들어진 크루아상 하나는 여러분에게 잠시나마 공학 기술의 경이로움을 떠올리게 만들 것이다.

14~16개의 크루아상 만들기:

풀리시POOLISH

다목적용 밀가루 200g

물(약 섭씨 24도) 200g

액티브 드라이 이스트 3g

르뱅LEAVEN

숙성된 스타터(47쪽) 1Tbsp

다목적용 밀가루 220g

물(약 섭씨 27도) 220g

크루아상

재료	양	베이커의 백분율(%)
우유	450g	45
르뱅	300g	30
풀리시	400g	40
브레드용 밀가루	1,000g(1kg)	100
소금	28g	2.8
설탕	85g	8.5
액티브 드라이 이스트	10g	1
차가운 무염 버터	400g	40

다목적용 밀가루 1/2컵

달걀물

큰 달걀노른자 2개

헤비 크림 1tsp

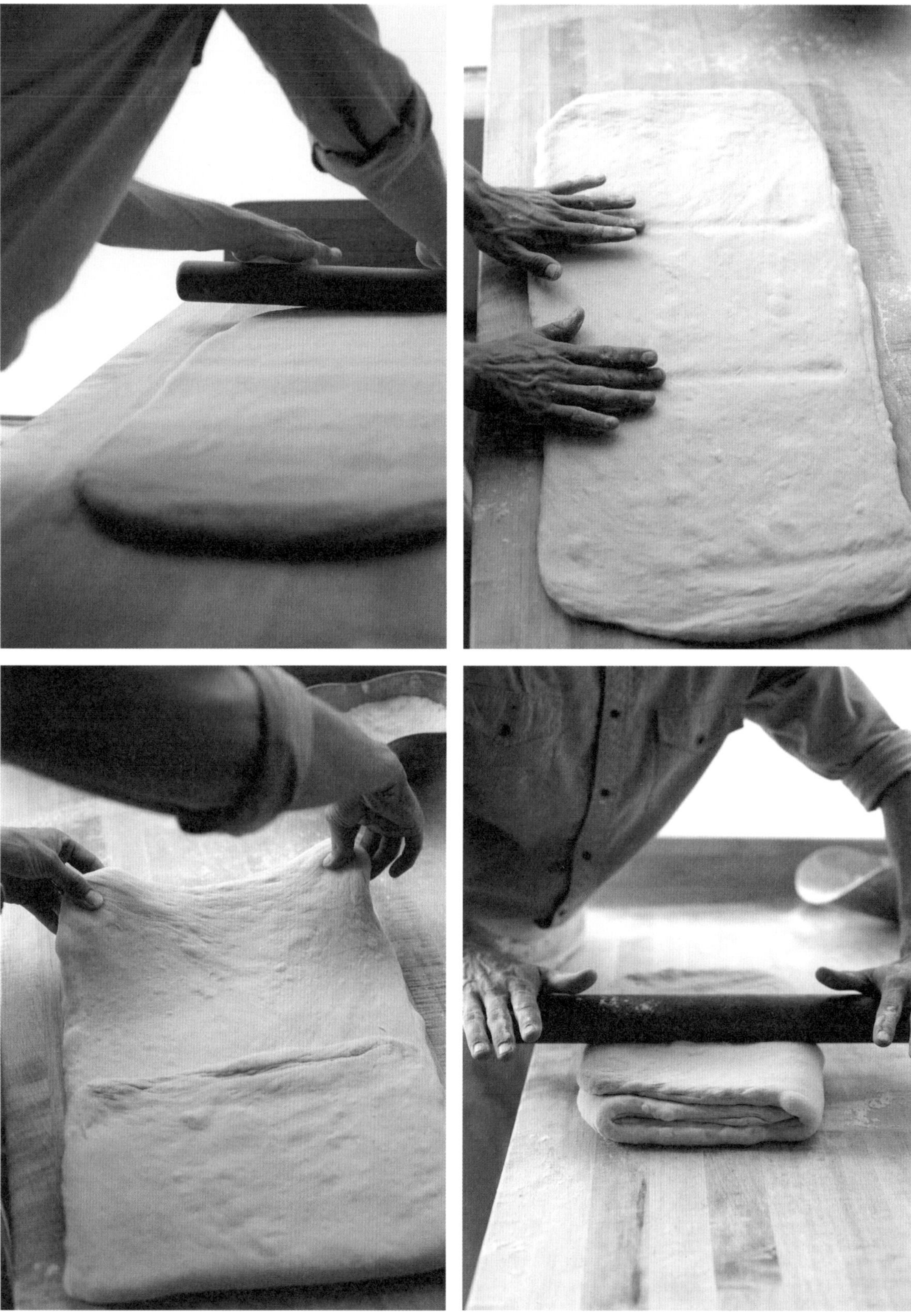

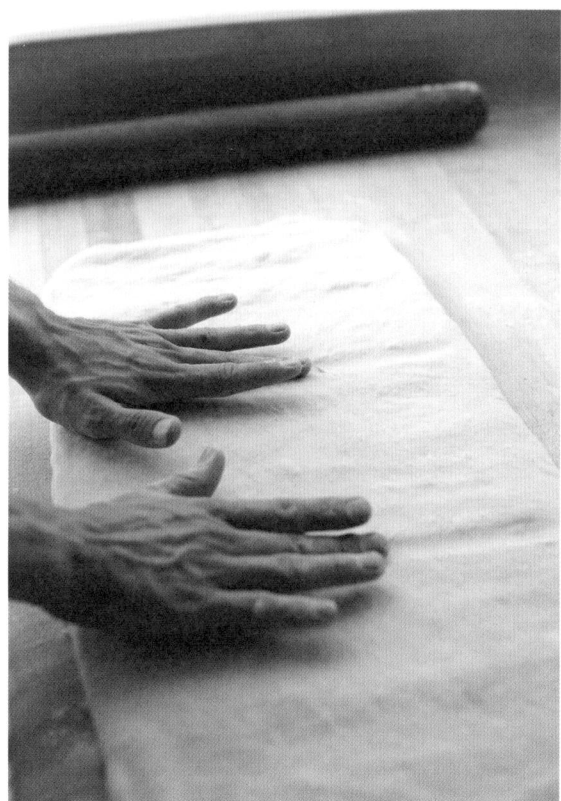
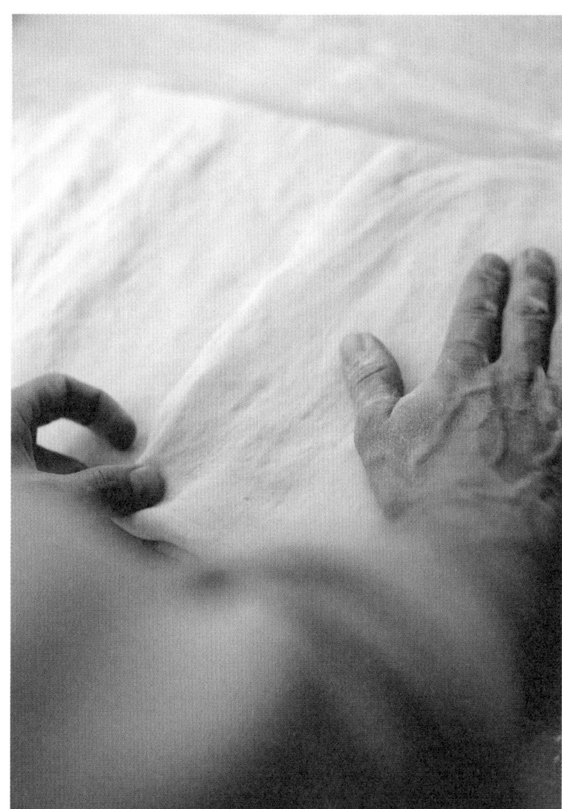

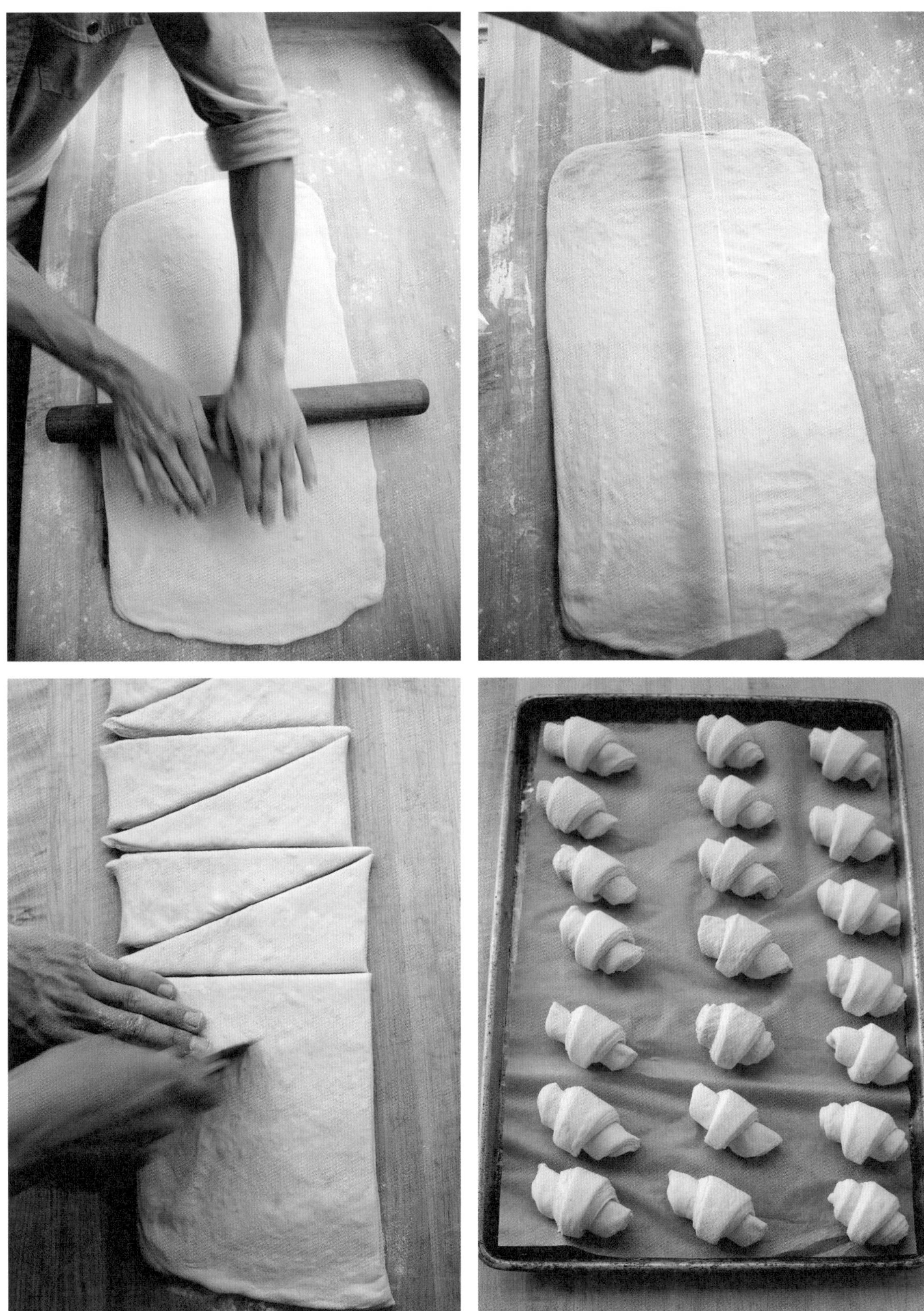

풀리시를 만들기 위해 볼에 밀가루, 물, 이스트를 넣어 섞는다. 3~4시간 동안 따뜻한 실온(약 섭씨 24~27도)에 두거나 냉장고에 하룻밤 놓아둔다.

르뱅을 만들기 위해 성숙한 스타터를 볼에 넣는다. 49쪽의 1단계를 따라 하면서 밀가루와 물로 영양분을 공급한다.

이 풀리시와 르뱅이 물에 뜨면 다 준비된 것이다. 소량의 풀리시와 르뱅을 물에 떨어뜨려 둘 중 하나라도 가라앉으면 아직 사용할 시점이 아니므로, 발효 시간이 좀 더 필요하다.

크루아상 반죽을 하기 전에, 우유를 냉장고에서 꺼내어 우유 온도가 올라가도록 둔다.

커다란 믹싱 볼에 우유를 따른다. 르뱅과 풀리시를 넣고 잘 흩어지도록 휘저어준다. 밀가루, 소금, 설탕, 이스트를 추가한다. 이제 손으로 재료들을 꼼꼼히 주물러 반죽을 만든다. 반죽을 25~40분 동안 쉬도록 내버려둔다.

54쪽 4단계를 따라 반죽을 투명한 용기로 옮기고 따뜻한 실온(약 섭씨 24~27도)에서 약 1시간 반 동안 두어 1차 발효를 한다. 56쪽 5단계의 설명을 따라, 반죽을 30분마다 뒤집어준다.

반죽을 비닐봉지에 옮기고 직사각형이 되도록 눌러 표면을 평평하게 만든 다음, 냉장고에 2~3시간 동안 넣어두어 차갑게 만든다.

밀대와 다목적용 밀가루 반 컵을 준비한다. 버터와 반죽의 얇은 층을 만들기 전에 버터도 챙겨둔다. 차가운 버터를 큐브 모양으로 자른다. 밀대를 이용해 버터 큐브들이 하나의 균일한 덩어리로 뭉쳐질 때까지 두드린다. 이때 밀가루 반 컵을 고루 뿌려 혼합한다. 버터 덩어리가 반죽과 동일한 크기와 두께를 갖도록 해야 한다. 뻣뻣하고 차가운 버터를 데우지 않고 유연하게 만드는 것이 목적이다.

버터의 가로와 세로가 대략 20×30cm의 직사각형이 되도록 형태를 만들고 선선한 상태에서 파치먼트 페이퍼 위에 놓아둔다. 이때 버터 덩어리를 너무 차가운 곳에 두지 않도록 조심해야 하는데, 그렇지 않으면 나중에 버터를 유연하게 만들기 위해 다시 두드려야 할 것이다. 반죽 사이에서 버터가 샌드위치처럼 밀착되어 더욱 얇아지도록 밀어야 하므로, 버터가 잘 밀리고 펼쳐지는 상태를 유지해야 한다.

반죽에 버터를 층층이 쌓을 준비가 되었을 때, 밀가루로 더스팅한 튼튼한 작업대에 반죽을 놓고 대략 30×50cm의 직사각형이 되도록 밀대로 밀어 모양을 만든다. 직사각형의 반죽 덩어리를 여러분 앞에 수평으로 배치한다. 이제부터는 재빨리 작업해야 하는데, 일단 버터 덩어리를 반죽의 중앙에 올린다. 반죽의 오른쪽과 왼쪽 부분을 마치 편지 접듯이 버터 위로 차례차례 접는다. 즉시 반죽을 90도 돌리고 약 30×50cm의 직사각형이 될 때까지 다시 밀대로 민다. 편지 접듯이 또다시 접는데, 직사각형의 가장자리가 가지런하고 찢어지지 않도록 주의한다. 여기까지가 첫 번째 '턴(turn)'이다.

반죽을 파치먼트 페이퍼로 감싸고, 두 번째 턴을 하기 전까지 반죽이 쉴 수 있도록 1시간 동안 냉장고에 넣어둔다. 만약 반죽을 오랫동안 냉장고에 넣어두었다면 버터는 도로 단단해질 것이다. 그러면 반죽을 냉장고에서 꺼내고 두 번째 턴을 주기 전 15분가량 워밍업을 한다.

작업대를 깨끗이 치우고 밀가루를 뿌려 더스팅을 한다. 작업대 위에 반죽을 놓고 30×50cm의 직사각형 모양이 되도록 밀어준다. 직사각형 반죽을 여러분 앞에 수평으로 놓고 가장자리를 가지런히 하면서 다시 편지 접듯이 반죽을 접는다. 이것이 두 번째 턴이다. 1시간 동안 반죽을 냉장고에 넣어두는데, 버터가 딱딱해지지 않을 정도까지만 두어야 한다.

위의 과정을 반복해서 세 번째 턴을 완료한다. 약 20×30cm 크기에 5cm의 두께를 가진 직사각형의 반죽이 나올 것이다. 이를 블록(block)[16]이라 부른다. 랩이나 파치먼트 페이퍼로 블록을 둘둘 말아 냉동실에 1~2시간가량 놓아둔다.

만약 크루아상을 그다음 날에 완성하고 싶다면, 자기 바로 전에 냉동실에 두었던 블록을 냉장실로 옮겨놓는다. 반죽은 다음 날 아침이면 성형할 수 있는 상태가 되어있을 것이다. 블록을 냉동 전용 랩으로 단단히 감싼 다음 냉동실에 넣어두면 3일까지는 보관할 수 있다. 단, 냉동 블록을 이용할 때는 그 전날 밤에 냉장실로 옮겨두어야 한다.

크루아상을 성형할 준비가 되면, 파치먼트 페이퍼를 두 개의 베이킹 시트에 붙여놓는다. 밀대로 반죽을 눌러가며 약 46×61cm 크기에 두께 1.3cm의 직사각형으로 만든다. 그리고 반죽을 반으로 잘라 23×61cm가 되는 두 개의 기다란 직사각형으로 만든다. 그다음 나이프로 여섯 개에서 여덟 개의 삼각형 모양이 나오도록 직사각형을 자른다. 가장 넓은 면부터 시작해서 각각의 삼각형 모양 반죽을 돌돌 만다. 완성된 반죽을 준비한 베이킹 시트에 반죽끼리 최소 약 4cm의 간격을 두도록 놓는다. 크루아상은 처음 크기보다 50% 정도 부풀어 오르면 오븐으로 들어갈 준비가 된 것인데, 탄탄해 보이지만 잘 부풀어 오를 것이다.

만약 저녁에 반죽을 해놓고 다음 날 아침에 굽고 싶다면, 최종 발효를 지연시키는 것이 좋다. 이때는 반죽을 파치먼트 페이퍼를 붙인 베이킹 시트에 놓고, 껍질이 형성되지 않도록 플라스틱 랩으로 살짝 덮은 다음 냉장 보관한다.

오븐을 섭씨 218도로 예열한다.

작은 볼에 달걀노른자와 크림을 넣어 휘저으며 달걀물을 만들고 크루아상 위에 발라준다. 진한 갈색을 띠며 바삭바삭하고 켜켜이 올라온 층들이 보일 때까지 약 30분 동안 굽는다. 따뜻할 때 또는 팬 위에서 그대로 식힌 다음 내놓는다. 필요하다면 내놓기 전에 다시 데운다.

---

16 단단한 사각형의 덩어리를 통칭하는 말로서, 베이킹에서는 크루아상과 같은 페이스트리 반죽을 만들 때 자주 등장하는 용어이다.

바게트와 영양 강화 브레드

CHAPTER 4

오래된 브레드

리즈, 에릭, 네이트와 나는 수년 동안 타르틴의 페이스트리 키친을 담당해온 멜리사 로버츠(Melissa Roberts)가 그랬던 것처럼, 풍미 가득한 주방에서 우리만의 베이킹 방법을 알게 되었다.

브레드는 우리에게 매우 중요한 산물이다. 우리는 오븐에서 구워져나온 따뜻한 브레드를 먹고, 저녁을 만드는 동안에 간식으로 먹고, 또한 손님 테이블로도 가져간다. 아침 식사로 토스트를 먹고, 점심으로는 샌드위치를 만들어 먹는다. 커다란 로프들은 종종 며칠 동안 두고 먹기도 한다.

브레드가 중요한 음식으로 간주되는 모든 장소에서 문제 해결 능력이 탁월한 요리사들은 먹다 남은 브레드를 버리고 낭비하는 대신 음식으로 완성해내는 방법을 찾아냈다. 이러한 전통 안에는 뜨거운 샌드위치나 토스트 말고도 오래 보관해둔 브레드를 이용한 다양한 요리 방법이 많이 있다.

이 장에 있는 30개 이상의 레시피들은 갓 구워낸 신선한 브레드가 아니라 최소 2~3일이 지난 오래된 브레드를 가지고 만든 메뉴들로, 나와 타르틴의 식구들이 좋아하는 것들을 선별했다. 여기에서 쓰는 모든 브레드는 앞 장에 나오는 것들이므로 여러분이 충분히 만들 수 있는 것들이다. 따라서 어떤 요리를 만들든 자신이 좋아하는 브레드를 준비하면 된다. 기본적으로 내가 소개하는 요리 리스트는 수년간 직접 먹어본 음식들로, 내가 기억하는 최고의 맛들이다. 이들 중 많은 요리는 클래식한 레시피로 시작해

우리의 입맛에 점점 맞춰 나갔다.

매일 아침, 우리는 오늘은 무슨 음식을 만들 것인지 의논했다. 로리(Lori)와 네이트가 반죽을 하는 동안 나는 시장으로 갔다. 브레드 교대 근무 중간, 에릭은 자기 일을 멈추고 테스트할 몇 가지의 요리를 준비했다. 그날의 브레드를 미리 성형해놓고 중간 발효를 시키는 동안, 우리는 그 요리들을 이 책에서 어떻게 보여줄지를 고민했다. 만약 우리가 만들고 테스트한 음식이 마음에 들지 않으면, 다음 날 그 음식을 다시 만들었다.

긴 여름의 햇살은 우리가 요리를 하고 만족스러운 결과물을 사진으로 남길 때까지 어스름한 빛을 주었다. 이 작업이 끝난 다음 우리는 그날 해야만 하는 브레드의 성형을 끝내고 스타터에 영양분을 공급하면서 그렇게 하루를 마감했다.

오래된 브레드를 사용해서 만드는 요리는 끝이 없을뿐더러, 새로운 아이디어가 끊임없이 나온다. 이 같은 일정이 계속 이어지던 시기 끝에 우리가 트러블 아포가토(Trouble Affogato, 277쪽)를 만들었을 때, 그 순간은 마치 축제에 딱 어울리는 엔딩인 것만 같았다.

이 레시피들이 우리의 출발점이다.

신선한 작두콩 판자넬라 FRESH FAVA PANZANELLA

와인 병을 따고, 콩껍질 까는 일 좀 도와달라고 일찌감치 친구들을 초대해보자. 콩들을 손질한 다음에는 다른 재료와 섞어 심플하고 풍미 가득한 샐러드를 금방 만들 수 있다.

비니그레트의 양이 지나치게 많은 것처럼 보일지도 모르지만, 크루통과 채소들 위에 뿌리는 드레싱으로 모두 쓰인다. 판자넬라는 전통적으로 신선하지 않은 브레드를 이용하는데, 브레드를 미리 물에 담가 수분을 흡수시킨 다음 브레드를 꾹 눌러 물기를 빼낸 뒤, 다른 재료들과 흔들어 섞어서 드레싱을 뿌려 먹는 음식이다. 이런 방법 대신에 우리는 크루통을 이용하기로 한다. 일단 크루통에 드레싱을 뿌리면, 겉은 살짝 부드러워지고 안은 온전하게 보존되어 아삭아삭한 질감이 대조를 이룬다. 4~6인분.

약 0.6cm 두께로 썬 적양파 1개
레드 와인 비니거 1/2컵
껍질 벗긴 작두콩 1.8kg(4컵 정도의 분량)
오래된 베이직 컨트리 브레드를 4장 썰어서 만
　든 크루통(193쪽)
줄기를 제거한 민트 1다발

레몬 비니그레트 LEMON VINAIGRETTE
강판에 곱게 간 레몬 2개분 제스트와 주스
설탕 1tsp
올리브 오일 1컵
소금 1/4tsp

썬 양파를 볼에 넣고 그 위에 비니거를 붓는다. 양파가 완전히 잠길 때까지 충분한 양의 물을 추가한다. 30분 동안 한쪽에 놓아둔다. 양파는 살짝 부드러워지고 연한 분홍빛을 띠게 될 것이다.

그 사이, 냄비 하나에 물을 끓인다. 볼을 얼음으로 채우고 스토브 옆에 놓는다. 끓는 물에 작두콩을 넣어 1분 동안 삶는다. 물에서 건져낸 콩들을 얼음물에 넣고 식힌다. 모든 콩들의 가장 겉에 보이는 불투명한 껍질을 벗겨낸다.

음식을 담아 낼 볼에 손질한 작두콩, 크루통, 민트 잎사귀들을 모두 넣어 섞는다. 양파 슬라이스도 비니거에서 꺼낸 다음 여기에 첨가한다.

비니그레트를 만들려면, 먼저 작은 볼에 레몬 제스트와 주스, 설탕, 올리브 오일을 넣고 저어준다. 한 번에 소금을 아주 조금씩 넣어가며 간을 맞춘다. 비니그레트를 샐러드 위에 뿌린 뒤, 재료들이 잘 섞이도록 굴린다. 1분 정도 드레싱이 재료에 스며들 수 있도록 두었다가 내놓는다.

토마토 판자넬라TOMATO PANZANELLA

올리브 오일에 브레드, 아티초크를 섞어 오븐에서 구워낸 것에 토마토, 오이와 얇게 자른 파마산 치즈의 혼합은 늦여름에 즐길 수 있는 아주 맛있는 요리이다. 크루통에 흡수된 토마토 비니그레트는 금방 만드는 이 샐러드의 숨은 보석이다. 토마토의 씨들은 풍미를 내면서 드레싱에 필요한 부피감을 더한다. 4~6인분.

구운 아티초크 크루통ROASTED ARTOCHOKE CRUTONS
레드 와인 비니거 혹은 셰리 비니거
베이비 아티초크 907g
올리브 오일 6Tbsp
소금
오래된 베이직 컨트리 브레드(47쪽) 4장을 썰어
　커다란 조각으로 찢은 것
신선한 파마산 치즈 113g

토마토 비니그레트TOMATO VINAIGRETTE
텃밭에서 가꾼 잘 익은 토마토 4개
곱게 다진 적양파 1/2개
레드 와인 비니거 혹은 셰리 비니거 3Tbsp
소금 1/4tsp
올리브 오일 1컵

잉글리시 오이 1개
줄기를 제거한 바질 1다발

오븐을 약 섭씨 204도로 예열한다. 커다란 볼에 물을 채우고 비니거를 넉넉히 뿌린다. 아티초크의 중앙을 둘러싼 부드러운 잎들이 나올 때까지 단단한 바깥 껍질부터 차례차례 제거한다. 아티초크를 세로로 반 가른 다음, 비니거를 뿌린 새콤한 물에 자른 반쪽들을 모두 담근다.

물기를 제거한 아티초크를 볼에 넣고 올리브 오일 3Tbsp과 소금을 살짝 넣어 재료들이 잘 섞이도록 굴린다. 커다란 스튜용 냄비 바닥에 반으로 자른 아티초크의 평평한 면이 놓이도록 배열한다. 같은 볼에 브레드 조각들을 넣고 남은 올리브 오일 3Tbsp과 소금 조금을 넣어 재료들이 모두 잘 섞이도록 굴린다. 아티초크 위에 브레드를 놓고 강판에 간 치즈를 올린 다음, 오븐에 팬을 넣는다. 아티초크의 껍질 쪽은 바삭바삭해지고 안쪽은 부드러워지며 브레드는 진한 갈색을 띨 때까지 15~20분가량 굽는다.

오븐에서 요리하는 사이에 비니그레트를 만들기 위해, 토마토를 십자형 방향으로 모두 자른다. 작은 볼에 토마토 조각들을 넣고 오렌지 즙을 낼 때처럼 살살 짜서 씨들을 빼낸다. 씨를 빼낸 토마토들은 한쪽에 잘 둔다. 양파, 비니거, 소금을 토마토 씨들에 넣고 잘 섞이도록 저어준다. 올리브 오일을 넣고 다시 저어준다.

모아둔 토마토 조각들을 2.5cm 정도의 덩어리로 자른다. 오이의 껍질을 벗겨내고 야채 필러나 만

돌린을 이용해서, 오이를 세로 방향의 얇은 편 모양으로 깎아낸다.

서빙할 볼에 아티초크, 크루통, 토마토, 오이 그리고 바질을 모두 넣어 섞는다. 토마토 비니그레트를 넣고 재료들이 섞이도록 굴린다. 내놓기 전에 3~5분 정도 드레싱이 재료에 스며들 수 있도록 놓아둔다.

<h2>에스칼리바다ESCALIVADA</h2>

수많은 정통 음식들이 이렇게 응용한 브레드 샐러드에 영감을 주었다. 아침 시장을 둘러 본 후, 나는 라타투이(ratatouille)를 만들기 위한 최적의 프로방스 야채들을 손에 넣었다. 어느 늦여름의 한낮, 야외에서 그릴 요리를 하기에 딱인 날씨였다. 마늘, 오일, 앤초비로 만드는 따뜻한 소스인 바냐 카우다(bagna cauda)[1]가 가장 어울리는 이상적인 음식이었음에도 불구하고, 좀더 차가운 앙쇼야드(anchoïade)[2]가 훨씬 더 좋은 조합으로 느껴졌다. 에릭과 나는 뜨거운 석탄 위에 야채들을 굽고 앙쇼야드 소스로 드레싱을 만들어 뿌렸다. 나는 나중에서야 책에서 이렇게 만드는 카탈로니아 전통 요리가 있고, 그 이름을 뜨거운 석탄 위에서 야채들을 요리한다는 의미의 에스칼리바다라 한다는 것을 알았다. 다양한 용도에 쓰이는 앙쇼야드는 고기 혹은 생선을 위한 소스로도 좋고, 리코타 같은 신선한 치즈와 함께 먹어도 좋다. 4~6인분.

0.6cm의 두께로 길게 자른 큼지막한 로사 비앙카(Rosa Bianca)[3] 혹은 일반 가지 1개
0.6cm의 두께로 길게 자른 애호박 혹은 다른 품종의 여름 호박 3개
반으로 갈라 씨를 뺀 집시 페퍼(Gypsy pepper)[4] 6개
0.6cm 두께로 썬 적양파 혹은 노란 양파 1개
올리브 오일 1/2컵
오래된 베이직 컨트리 브레드(47쪽) 혹은 유사한 브레드 4장을 썬 것

앙쇼야드ANCHOÏADE
마늘 2쪽
올리브 오일에 재운 앤초비 살코기 6개
호두 1/2컵
고수 씨 1/2tsp
레몬 1개분 제스트와 주스
올리브 오일 1/2컵
신선한 마조람 잎사귀들 1Tbsp
신선한 타임 잎사귀들 1tsp
미션 스트리트에서 구입한 말린 또는 진한 빛깔의 무화과 1/2컵 분량을 자른 것
소금과 신선하게 빻은 후추

2.5cm의 크기로 자른 텃밭에서 가꾼 잘 익은 토마토 2개
신선한 파슬리와 평평한 바질 잎사귀들을 섞은 것 2컵
반으로 자른 신선한 무화과 8~10개 (선택 사항)

---

1 이태리의 야채 요리로 피아몬테 지방의 특산물인 소스로 올리브 오일과 버터, 마늘, 앤초비 등을 넣어 만드는 요리
2 프랑스 음식에서 쓰이는 기름과 앤초비 가루로 만든 소스
3 흰 장미라는 뜻의, 실제로 활짝 피기 전의 옅은 핑크색 장미로 이태리의 텃밭에서 키워낸 가지를 말한다.
4 파프리카와 비슷한 모양을 한 서양의 단고추

그릴에 석탄을 넣고 숯불을 준비한다. 가지를 비롯한 호박, 집시 페퍼, 양파에 올리브 오일을 넉넉히 바른다. 야채들을 그릴 위에서 굽고 필히 뒤집어 전체적으로 살짝 그릴에 태워서 부드럽게 만드는데, 약 6~8분이 걸린다. 구운 야채들을 볼에 옮긴다. 마찬가지로 올리브 오일을 브레드에 발라서 그릴 위에 굽고 뒤집어서 바삭바삭하고 살짝 타도록 굽는데, 약 4분이 걸린다. 그릴에서 구운 브레드를 볼로 옮겨서 각각 반으로 자른다.

앙쇼야드를 만들기 위해, 마늘과 앤초비를 막자사발에 넣고 막대를 이용해서 진 페이스트 질감이 되도록 뭉갠다. 호두와 고수 씨를 첨가하고 마늘과 앤초비 페이스트에 넣어 다시 뭉갠다. 이를 볼에 넣고 레몬 제스트와 주스, 올리브 오일, 마조람, 타임, 말린 무화과를 넣고 저어준다. 소금과 후추로 간을 맞춘다.

토마토와 브레드, 파슬리, 바질을 함께 커다란 접시에 그릴에 구운 야채와 신선한 무화과(사용한다면)를 담아 낸다. 앙쇼야드를 한 스푼 떠서 그 위에 뿌린 다음 내놓는다.

반예트 버트BAGNET VERT

반예트 버트는 전통적인 이태리 양념 소스로 스페인의 살사 베르데(salsa verde)[5], 이태리의 바냐 카우다, 그리스의 스코달리아(skordalia)[6]와 관련이 있다. 쓰임새가 많은 다른 소스는 전통적으로 끓인 고기와 함께 먹는데, 양념해서 재운 앤초비와 먹으면 어떤 요리와도 잘 어울린다. '타르틴 바(Bar Tartine)'에서 우리는 반예트 버트를 볼리나스에서 가져온 은대구, 고수 꽃잎과 회향 윗부분과 함께 내놓는다. 브레드와 조합하면 소스는 훨씬 더 풍부한 맛을 내는 특별한 소스로 변하는데, 브레드의 향과 절묘하게 어우러진다. 4~6인분.

<table>
<tr><td valign="top" width="50%">

재운 앤초비MARINATED ANCHOVIES
고수 씨 1Tbsp
올리브 오일로 재운 앤초비 살코기 57g 캔 2개
　에서 기름을 모두 걸러낸 것
강판에 곱게 간 레몬 1개분 제스트
홍고추 플레이크
올리브 오일 1/2컵
가니시용 고수 꽃잎 1다발 (선택 사항)

</td><td valign="top" width="50%">

반예트 버트BAGNET VERT
오래된 베이직 컨트리 브레드(47쪽)를 손으로
　찢어놓은 것 2컵
레드 와인 혹은 셰리 비니거 1Tbsp
물 1/2컵
신선한 파슬리의 평평한 잎사귀들을 듬성듬
　성 자른 것 2컵 분량
올리브 오일 1컵
케이퍼 1Tbsp
올리브 오일로 재운 앤초비 살코기 4개
소금 1/2tsp
고수 꽃잎 (선택 사항)

</td></tr>
</table>

양념에 재운 앤초비를 만들기 위해, 작은 프라이팬을 중간 불에 놓고 고수 꽃잎 씨들을 넣고 가끔씩 저어주면서, 씨들로부터 독특한 향이 느껴지고 전체적으로 색이 살짝 짙어지기 시작할 때까지 약 5분 동안 볶는다. 씨들을 막자사발에 옮겨 담고 막대로 거칠게 눌러가며 쪼갠다. 접시 위에 앤초비 살코기를 올려놓고 레몬 제스트와 고수 씨, 그리고 홍고추 플레이크를 흩트린다. 이렇게 만든 재료들을 모두 덮도록 올리브 오일을 충분히 두른다. 4시간 정도 혹은 밤새도록 양념장이 숙성되도록 놓아둔다.

반예트 버트를 만드는 방법은, 우선 볼에 찢어놓은 브레드를 넣고 비니거와 물을 부은 다음 모두 섞이도록 재료들을 굴린다. 액체를 흡수한 브레드가 부드러워질 때까지 5~10분 동안 그대로 둔

5　녹색 채소와 허브로 만드는 소스
6　그리스 요리에 많이 쓰이는 진한 마늘 소스

다. 불린 브레드를 블렌더에 넣고 파슬리, 올리브 오일, 케이퍼, 앤초비, 소금을 첨가한다. 혼합물이 매끄러운 퓨레 같아질 때까지 블렌더를 돌린다. 만약 소스가 너무 뻑뻑해서 잘 섞이지 않으면, 중간중간 물 한 스푼을 추가하며 조절한다. 필요하다면 소금을 넣어 간을 맞춘다.

접시 위에 반예트 버트를 떠서 올리고 앤초비를 그 위에 올린다. 원한다면 고수 꽃잎으로 가니시를 한다.

포인트 레예스에서 첫 베이크숍을 시작하고 몇 년이 흐른 뒤, 나는 스스로 선택한 전통적 베이킹의 노동량에 완전히 지쳐가고 있었다. 그러던 어느 날, 베이크숍 문 아래로 미끄러지듯 쓸려 들어온 짧은 손 글씨의 쪽지 한 장을 발견했다. 앨리스 워터스(Alice Waters)로부터 온 것이었다. 그녀는 내가 하는 일에 칭찬과 감사를 전하기 위해 몇 마디를 적어 보낸 것이다. 주방에서 베이킹을 시작한 이후로 나는 그녀에게서 수도 없이 많은 영감을 받아왔고, 그녀가 건넨 쪽지는 내 인생의 중요한 시점에서 더욱 필요한 노력을 기울이도록 만들었다.

그런 초창기 시절 이후로 앨리스는 진심 어린 충고를 많이 해주며 지지와 응원도 아끼지 않았다. 이 장을 위한 레시피를 모으고 있는 동안, 나는 한 번도 들어본 적 없고 오래되어 잘 알려져있지 않은 레시피를 말해줄 수 있을지 모른다는 희망으로, 앨리스에게 오래된 브레드로 만드는 그녀의 추천 요리를 물어봐야겠다고 생각했다.

그녀는 1971년에 설립한 자신의 레스토랑 '셰 파니세(Chez Panisse)'를 언급하면서, "브레드 크럼이죠. 우리는 레스토랑에서 사용하는 브레드의 어떤 부스러기도 낭비하지 않는답니다."라고 대답했다.

앨리스가 해준 조언은 나를 하루 종일 상념에 빠지게 했다. 처음에 나는 그녀가 너무나도 바빠서 내게 좀더 흥미로운 것을 제안하기 어려웠을지 모른다고 생각했다. 그러고 나서 나는 구운 브레드 크럼을 만드는 레시피들을 수집하기 시작했다. 많은 음식의 핵심적인 재료이자 특별한 식감을 주는 가니시로 자주 사용되는 브레드 크럼은 신선하지 않은 브레드를 맛있는 한 끼의 저녁 식사로 만들어주는 가장 실용적이면서 다양한 변화를 주는 방법이었다. 만약 오래된 브레드가 주방에 있다면, 소박하면서도 실속 있는 요리 하나를 만드는 방법을 갖고 있는 셈이다. 나는 브레드 크럼이 들어가는 여러 준비 과정을 알기 위해 노력했고, 브레드 크럼은 매우 중요한 요리의 요소가 되었다.

정확한 선견지명을 가진 앨리스는 여전히 사람들이 음식과 더불어 지속적인 관계를 잘 맺을 수 있도록 도와주고 있다. 그녀는 음식 재료들이 어떻게 재배되고 어디에서 오는지, 그리고 어떻게 준비되어야 하는지 등 우리가 섭취하고 있는 음식 자원들에 좀더 가까이 다가가도록 해주고 있으며, 우리가 먹는 방법까지도 바꾸도록 애쓰고 있는 것이다. 앨리스는 단순히 사람들의 외식 문화에 대한 것을 넘어서, 공립학교의 음식 시스템 변화에도 영향을 주기 위해 아주 열심히 일하고 있다. 이 같은 원칙에 의한 그녀의 헌신은 조금의 흔들림도 없다.

브레드 크럼, 나는 진작에 알았어야 했다.

크루통CROUTONS

2.5cm 두께로 썬 오래된 브레드 3장을 3.8cm 소금
  의 덩어리로 뜯어놓은 것 허브 드 프로방스 1/2tsp (선택 사항)
올리브 오일 2Tbsp

크루통을 만들기 위해 오븐을 약 섭씨 204도로 예열한다. 볼에 브레드 조각들과 올리브 오일, 소금을 넣고 굴려가며 재료들을 섞는다. 만약 허브 드 프로방스를 이용한다면 볼에 허브도 넣고 같이 굴려 혼합한다. 모든 재료들이 묻은 브레드를 베이킹 시트에 균일하게 펼쳐놓고 약 15분 동안 짙은 갈색에 바삭바삭한 식감이 날 때까지 굽는다. 오븐에서 구워지는 중간 즈음, 색이 골고루 나지 않는다면 크루통 조각들을 다시 흔들거나 바꿔 끼워서 굽는다.

브레드 크럼BREAD CRUMBS

브레드 크럼을 만들 때는 두 손이나 밀대를 이용해서 크루통을 원하는 크기가 될 때까지 부수거나 쪼개면 된다. 아주 고운 브레드 크럼을 만들려면 체에 거른다. 취향에 따라 올리브 오일에 튀긴 다음 말린 허브를 첨가해도 좋다.

아이올리와 루이AIOLI AND ROUILLE

아이올리(Aioli)는 두 스페인 단어로부터 파생된 것으로 '마늘 오일'을 의미한다. 가장 기본적인 배합은 마늘과 소금을 으깨서 페이스트로 만드는 방법이다. 올리브 오일과 레몬주스로 수분을 더해주면 소스가 된다. 개인적으로 달걀노른자 하나를 넣어 더 깊고 진한 액체 상태를 만드는 것을 선호한다. 브레드를 두툼하게 만드는 작업은 오래된 관습으로, 소스를 묵직하게 하면 수프와도 잘 어울린다.

　루이는 노란 황금색에서 붉은 녹이 든 것 같은 진한 색으로 변한 소스에 달짝지근한 레드 페퍼로 향을 가미한 아이올리이다. 막자사발과 막대를 이용하는 것이 이런 소스를 만드는 가장 효과적인 방법으로 주변이 지저분해지는 걸 최소화하는데, 막자사발 안에 있는 소스를 그대로 내놓을 수 있기 때문이다. 이 두 소스들은 해산물, 고기, 야채와 함께 곁들여 먹기도 하고, 수프와 육수에 첨가해서 풍미를 위한 재료나 가니시로 쓰기도 한다. 1컵 분량.

아이올리AIOLI
굵직하게 칼질한 마늘 1쪽
강판에 곱게 간 레몬 1개분 제스트와 주스
소금 1/4tsp
달걀노른자 1개
올리브 오일 1컵
오래된 베이직 컨트리 브레드(47쪽)를 1장 썬 것

루이ROUILLE
구운 다음 껍질을 벗겨내고 씨를 빼낸 붉은 페퍼 1개
홍고추 플레이크 1/2tsp
아이올리 레시피(왼쪽 참조)

아이올리를 만들기 위해 마늘과 레몬 제스트, 소금을 막자사발에 넣고 막대를 이용해 페이스트 상태가 될 때까지 으깬다. 달걀노른자와 레몬주스 1/2tsp을 첨가한다. 올리브 오일을 몇 방울씩 넣으면서 막대로 세게 일정한 힘으로 저어준다. 올리브 오일의 반 정도를 넣었을 즈음, 소스가 크림 같고 부드럽게 보인다면 잘 녹아든 것이다. 계속 막대로 저으면서 남아있는 올리브 오일을 천천히 붓는다. 오일을 첨가할수록 소스는 더욱 진해질 것이다. 향긋한 풍미를 내기 위해 혹은 아이올리를 엷게 하기 위해, 남은 레몬주스를 최대한 많이 이용한다. 한 스푼 정도의 레몬주스나 물을 막자사발에 있는 브레드에 뿌린다. 막대로 브레드를 매끄러운 페이스트 질감이 나도록 으깨고 뭉갠다. 아이올리를 추가하고 재료들이 섞이도록 휘저어준다. 볼에 다시 재료들을 옮기고 내 놓는다.

루이를 만들려면, 그릴에 구운 페퍼와 홍고추 플레이크를 막자사발에 넣은 다음 막대로 페이스트 상태가 되도록 으깨고 뭉갠다. 아이올리에 넣고 부드럽게 될 때까지 휘저어준 후, 내놓는다.

판 콘 토마테PAN CON TOMATE

토마토, 햄, 단단하고도 숙성된 치즈와 함께 먹는 맛있는 토스트는 여름철 스페인 전역의 타파스 바에서 가장 인기 있는 음식이다. 이보다 더 소박하고 간단한 음식은 없을 정도이다. 여러분이 구할 수 있는 최상급 품종으로 가장 잘 익은 토마토를 이용하고, 브레드를 충분히 튀기기 위해 많은 양의 올리브 오일을 사용한다. 1인분.

구할 수 있는 최고 품질의 올리브 오일
신선하거나 오래된 베이직 컨트리 브레드(47쪽)
　를 썬 것 1장
비스듬히 반으로 자른 텃밭에서 자란 잘 익은
　토마토 1개

세라노(serano) 같은 소금에 절여 건조시킨 햄
　을 얇게 썬 것 1장
만체고(Manchego) 같은 단단하고 숙성된 치즈
　슬라이스 1장

작은 스튜용 냄비에 올리브 오일을 0.6cm 정도 올라오도록 넣고 중간 불에서 가열한다. 브레드를 넣어 진한 갈색을 띠고 아주 바삭바삭해질 때까지 약 3분간 튀겨낸다. 브레드의 다른 면도 그렇게 될 때까지 뒤집어서 똑같이 튀긴다. 반으로 자른 토마토의 단면을 브레드의 한쪽 면에 올리고 상하 좌우로 문지르는데 토마토의 속이 뭉그러지고, 주스가 토마토 퓌레와 함께 브레드의 구멍들을 꽉 꽉 채울 때까지 계속한다. 햄과 치즈를 위에 올리고 내놓는다.

늦여름의 브루스케타 LATE SUMMER BRUSCHETTA

토스트 위에 얹은 마늘과 잘 익은 토마토, 바질의 조합은 매해 여름마다 다시 찾아오는 첫 토마토와 바질의 상큼함을 느끼게 한다. 여름이 선사하는 풍성함과 향긋한 풍미에 영감이 금방 떠오른다.

　여기에서 우리는 타르틴의 이웃인 멕시칸 거리에 있는 노점상들에서 구한, 우리가 좋아하는 특징이 그대로 담긴 칠리와 라임, 소금과 함께 신선한 과일에 풍미가 더해진 이태리 전통 음식으로 시작한다. 만약 다른 재료들 중 하나와 더불어 가지와 숯불에 태운 페퍼 브루스케타(204쪽)를 만든다면, 가지를 굽고 양념하는 시간을 염두하고 요리를 시작하도록 한다. 토핑하기 전, 브레드를 오븐에서 구워내거나 스튜용 냄비에 올리브 오일을 두르고 바삭바삭하게 튀겨낸다. 각 요리당 커다란 브루스케타 6개 분량.

오래된 베이직 컨트리 브레드(47쪽)를 썬 것 6장　　　　　올리브 오일

오븐에서 브레드를 굽기 위해, 오븐을 약 섭씨 204도로 예열한다. 브레드를 베이킹 시트에 정렬해 놓고 원하는 만큼 올리브 오일로 표면을 브러싱한다. 짙은 갈색이 될 때까지 10~15분가량 굽는다. 다른 방법으로는, 커다란 스튜용 냄비에 올리브 오일을 높이 0.6cm 정도 올라오도록 두른 다음, 브레드를 진한 갈색에 매우 바삭바삭한 질감이 날 때까지 튀기는 것이다. 브레드의 다른 면도 똑같이 진한 갈색을 띠고 바삭바삭해질 때까지 튀긴다.

토마토, 멜론, 칠리 브루스케타 TOMATO, MELON AND CHILE BRUSCHETTA

레몬 비니그레트 LEMON VINAIGRETTE
강판에 곱게 간 레몬 2개분 제스트와 주스
설탕 1/2tsp(필요할 경우에는 더 많이 준비)
올리브 오일 1컵
소금

칠리 솔트 CHILE SALT
건조시킨 매운 고추 4개
소금 1/2tsp

1.3cm 크기로 자른 텃밭에서 자란 잘 익은 토마
토 3개(약 454g)
껍질을 벗기고 씨를 빼낸 다음 1.3cm 크기로 자
른 잘 익은 멜론 1개(약 454g)
손으로 듬성듬성 찢은 신선한 바질 잎사귀 1/2컵
손으로 듬성듬성 찢은 신선한 민트 잎사귀 1/2컵
구운 베이직 컨트리 브레드(47쪽)를 썬 것 6장

비니그레트를 만들기 위해 볼에 레몬 제스트와 주스, 설탕 1/2tsp, 올리브 오일을 모두 넣고 휘젓
는다. 설탕과 소금으로 간을 맞춘다.

칠리 솔트를 만들 때는, 작은 스튜용 냄비를 센 불에 먼저 달군다. 칠리를 뜨거운 팬에 넣고 스패출
러로 지그시 누른다. 칠리들은 빨리 구워지므로 약 3분이면 된다. 칠리를 뒤집어 약 3분간 앞에서
했던 것처럼 스패출러로 눌러준다. 칠리를 막자사발로 옮겨 놓는데, 칠리는 완전히 식으면 쉽게 부
스러진다. 소금을 추가하고 막대로 가루 같은 상태가 될 때까지 빻는다.

볼에, 토마토, 멜론, 바질, 민트를 섞는다. 레몬 비니그레트 몇 스푼을 넣고 휘저어준다. 구운 브레
드에 섞은 재료들을 한 스푼 떠서 올리고 칠리 솔트를 뿌린 다음, 내놓는다.

여름 호박과 콩 브루스케타 SUMMER SQUASH AND PEA BRUSCHETTA

애호박과 여름 호박 4개(약 907g)

소금

깍지째 먹는 콩인 슈거 스냅 피(sugar snap peas)

  약 1컵(약 454g)

껍질을 벗기고 씨를 빼낸 다음 1.3cm 크기로

  자른 잘 익은 멜론 1/2개

손으로 듬성듬성 찢은 신선한 민트 잎사귀들

  1/2컵

레몬 비니그레트(202쪽)

구운 베이직 컨트리 브레드(47쪽)를 썬 것 6장

신선한 파마산 치즈 170g

만돌린을 이용하거나 넓은 야채 필러를 이용해서 호박을 얇고 길죽한 모양으로 벗긴다. 이렇게 얇은 호박 껍질을 볼에 넣고 소금 약간도 첨가해서 굴린 다음 삼투압에 의해 물기가 빠지도록 한다. 5~10분 동안 그대로 둔다. 신선한 호박을 바로 이용하면 잘 부서지기 때문에 소금을 넣어 수분을 어느 정도 빼내야 유연해진다.

호박에 콩, 멜론, 민트를 추가하고 드레싱으로 레몬 비니그레트 몇 스푼을 두른다.

구운 브레드 위에 이 혼합물을 한 스푼 떠서 올린다. 야채 필러를 이용해서 파마산 치즈를 브루스케타 위에서 흩뜨려 깎고 내놓는다.

가지와 숯불에 태운 페퍼 브루스케타 EGGPLANT AND CHARRED PEPPER BRUSCHETTA

셰리 비니그레트 SHERRY VINAIGRETTE
적양파 1/2개
셰리 비니거 1/2컵
말린 커런트 1/2컵
설탕 2Tbsp
소금 1/4tsp
올리브 오일 1/2컵

가지 EGGPLANT
작은 가지 3개(약 454g)
올리브 오일

소금
손으로 듬성듬성 찢은 신선한 바질 잎사귀 1/2컵

숯불에 살짝 태운 페퍼 CHARRED PEPPERS
올리브 오일 1Tbsp
꽈리고추처럼 생긴 파드론 페퍼(Padrôn pepper)
  12개
소금

구운 베이직 컨트리 브레드(47쪽)를 썬 것 6장

셰리 비니그레트를 만들기 위해, 양파를 종잇장처럼 아주 얇게 썬다. 볼에 썬 양파들을 넣고 비니거, 커런트, 설탕, 소금을 넣는다. 재료들이 섞이도록 저어준 다음 그대로 5분가량 놓아둔다. 양파는 엷은 분홍색으로 변할 것이다. 올리브 오일 반 컵을 넣는다.

가지를 준비하려면 오븐을 약 섭씨 204도로 예열해놓는다. 베이킹 시트에 파치먼트 페이퍼를 올려놓거나 테두리가 있으면서 달라붙지 않는 재질로 만든 라이너를 이용한다.

가지를 세로 방향으로 약 0.6cm 두께로 썬다. 자른 가지의 단면 양쪽에 올리브 오일로 넉넉히 브러싱하고, 파치먼트 페이퍼 위에 가지런히 놓아 배치한다. 그 위에 원하는 만큼 소금을 뿌린다. 가지들이 아주 부드러워질 때까지 약 20동안 오븐에서 굽는다. 가지를 식힌 다음, 얕은 그릇에 옮겨 담는다. 바질 잎사귀들을 위에 놓고 셰리 비니거를 그 위에 뿌린다. 내놓기 전, 약 30분 동안 재료들이 가지에 스며들도록 놓아둔다.

주방 환기가 잘 되는지 확인하고 페퍼들을 숯으로 살짝 태운다. 스튜용 냄비에 올리브 오일 1Tbsp을 두르고 센 불에서 팬을 달군다. 오일에서 연기가 나기 시작할 때 페퍼를 넣은 다음, 건드리지 말고 1분 동안 굽는다. 냄비를 흔들거나 스패츌러를 이용해 페퍼들을 뒤집고 다른 면도 1분 동안 구워준다. 소금 약간과 후추로 간을 맞춘 뒤 가지들이 담긴 그릇에 담는다.

가지와 페퍼들을 구운 브레드 위에 스푼으로 떠서 올린다. 양념된 소스로 브레드를 촉촉하게 만든 후, 내놓는다.

라클렛은 스위스의 발레(Valais) 지방에서 시작된 전통 요리이지만, 프랑스의 사보이에서도 유명하
다. 리즈와 나는 프렌치 알프스에서 패트릭 르포트와 함께 일했던 그의 블랑제리 사보야드에서 추
억으로 간직할 만한 한밤의 멋진 만찬을 아주 많이 누렸다는 걸 새삼 깨달았다. 베이커들이 넉넉
히 준비한 이 같은 축제 음식은 종종 다음 날 아침 첫 햇살과 함께 끝이 났다.

치즈를 천천히 녹이기 위해, 불 앞 석판에 둥그런 바퀴 반쪽 모양의 라클렛 치즈를 올려놓는다.
호미 같은 모양으로 특별히 만들어진 도구를 이용해 부드러워진 치즈를 긁어내어 브레드 위에 바
른다. 라클렛은 전통과 치즈를 모두 지칭하는 이름으로, 라클리(racler)란 프랑스어로 '긁어내다'는
의미이다. 이 치즈는 전통적으로 구운 감자, 야채 피클, 강한 향의 머스터드, 소금에 절인 고기, 사
보이에서 만든 포도주와 곁들여 먹는다.

야외 행사가 있을 때 사보야드의 양치기들은 세대를 이어내려온 방식대로, 모닥불을 피우고 깨
끗하고 평평한 돌을 옆에 둔 다음 그 위에 치즈의 단면이 불쪽을 향하도록 놓는다. 치즈를 천천히
녹인 후, 구운 브레드에 발라 먹는다.

1인당 약 170g의 치즈를 사용한다.

정어리 초절임 PICKLED SARDINES

신선한 정어리는 계절이 주는 선물이다. 우리는 정어리들이 제철일 때 엄청난 양을 구입해놓는다. 그릴에 구운 정어리와 얇게 자른 회향, 아이올리를 함께 드레싱해서 먹으면 빠르고 간편한 한 끼 식사가 된다. 생선을 일주일 이상 안심하고 먹을 수 있도록 우리는 생선 살들을 발라낸 다음 피클로 만든다. 신선하게 초절임한 정어리와 으깬 아보카도를 올린 토스트는 내가 좋아하는 간식이다. 살을 발라내고 남은 등뼈들을 모아 올리브 오일에 튀겨내면 바삭바삭하고 맛있는 가니시가 만들어진다. 타르틴에서 만드는 허브 샐러드용 녹색 야채들은 '리틀 시티 가든(Little City Garden)'에서 일하고 있는 친구 브룩(Brooke)이 재배한 것들로, 그녀는 베이커리 옆으로 문 몇 개만 지나면 될 정도로 아주 가까운 곳에 있다. 4~6인분.

신선한 정어리 12마리
0.6cm 두께로 자른 적양파 1/2개
강판에 곱게 간 레몬 3개분 제스트와 주스
설탕 1/2컵
소금 1Tbsp
0.3cm의 두께로 비스듬히 자른 오렌지 1개
손으로 듬성듬성 찢은 신선한 마조람 잎사귀
  1/4컵

비니그레트 VINAIGRETTE
올리브 오일 2Tbsp
샴페인 비니거 2tsp
곱게 다진 샬롯 1/2tsp
소금과 신선하게 간 후추

허브 샐러드 HERB SALAD
루콜라(arugula) 1컵
신선하고 평평한 파슬리 잎사귀들 1/4컵
신선한 고수 잎사귀와 꽃들 1/4컵
신선한 바질 윗부분에 있는 잎사귀들 1/4컵
신선한 처빌(chervil) 잎사귀들 1/4컵
작은 회향의 꼭지 부분을 듬성듬성 자른 것
  1/4컵
자른 쇠비름 1/4컵
해바라기 꽃잎들 1/4컵

올리브 오일
오래된 브레드(47쪽)를 2.5cm 두께로 자른 것
  3장
풍미를 위한 마늘 순

모든 정어리의 배 부분에서 꼬리까지 세로 방향으로 길게 칼집을 내서 살을 발라낸다. 생선의 내장을 제거하고 흐르는 물에 정어리들을 잘 헹군다. 손가락을 이용해서 꼬리 끝에 있는 등뼈로부터 살들을 벗겨낸다. 등뼈가 살에서 떨어지면 꼬리를 잡고 머리 쪽으로 들어 올린 다음, 살에 붙은 남은 뼈들을 손질해서 빼낸다. 정어리들의 중간을 잘라 두 덩어리로 분리한 다음, 각 생선 살의 가장자리를 자르고 다듬는다. 발라낸 등뼈들을 튀기고 싶으면, 버리지 말고 이를 따로 모아둔다.

자른 양파를 볼에 넣고 레몬 제스트와 주스를 첨가한 다음 그대로 약 5분 동안 둔다. 설탕, 소금,

올리브 오일을 넣어 모든 재료들이 골고루 섞이도록 휘저어준다. 사진에 보이는 것처럼 바닥이 움푹 들어간 그릇에 손질한 정어리 살들의 반 정도를 올려놓고 오렌지와 마조람을 층층이 넣은 다음, 레몬과 올리브 오일 혼합물의 반 정도를 그 위에 뿌린다. 남아있는 정어리 살을 올리고 똑같이 오렌지, 마조람, 그리고 레몬과 올리브 오일 혼합물을 순차적으로 넣어준다. 몇 분 내로 레몬주스가 생선이 산화되는 것을 방지하며 생선을 '조리'하기 시작하면 정어리를 먹을 수 있게 된다. 정어리 살을 여기에 오래 두면 둘수록, 더 완벽한 초절임이 된다. 여러분은 액체에 잠긴 정어리들을 냉장고에서 일주일까지 보관할 수 있다. 마조람과 오렌지의 향기는 더 강해지고, 정어리의 살들은 담가둘수록 더욱 단단해진다.

비니그레트를 만들기 위해 작은 볼에 오일, 비니거 그리고 샬롯을 넣고 거품기로 젓는다. 소금과 후추로 간을 맞춘다.

허브 샐러드를 만들기 위해 볼에 손질한 루콜라, 파슬리, 고수, 바질, 처빌, 회향, 쇠비름, 해바라기 꽃잎을 모두 넣어 섞는다. 비니그레트를 뿌려 재료들이 골고루 혼합되도록 굴린다.

커다란 스튜용 냄비에 올리브 오일이 0.6cm 가량 올라오도록 넉넉히 두르고 중간 불에서 팬을 달군다. 오일이 뜨거워지면 정어리 등뼈를 한 번에 두 개 넣어 아주 바삭바삭해서 쉽게 부스러질 때까지, 약 3분간 튀긴다. 튀긴 등뼈의 오일을 제거하고 소금으로 간을 맞춘다.

튀겨낸 브레드 위에 정어리를 올리고 허브 샐러드와 함께 내놓는다. 여기에 잘 익은 아보카도를 으깬 것과 칠리 소스를 곁들이면 더 좋다.

정어리와 신선한 병아리콩 후무스SARDINES AND GARBANZO HUMMUS

오랜 교대 근무를 마친 후, 혼자서 통조림에 담긴 정어리를 토스트 위에 올려 차가운 맥주와 먹는
건 주요한 저녁 식사인데, 여기 또 다른 방법이 있다. 신선한 병아리콩은 아주 짧은 한철에만 나오
는 식재료이지만, 잘 활용할 만한 가치가 있다. 말린 병아리콩으로 대체해도 괜찮다. 2인분 이상.

후무스HUMMUS
껍질을 벗긴 신선한 병아리콩 907g 혹은 말린
  병아리콩 454g
신선한 병아리콩을 사용할 경우, 마늘 3쪽
말린 병아리콩을 사용할 경우, 구운 큐민 씨
  1tsp
참깨 타히니 소스 3Tbsp
신선한 병아리콩을 사용할 경우, 민트 잎사귀
  들 12장

레몬 1개분 주스
소금 1/2tsp
올리브 오일 1컵

올리브 오일
통밀 브레드(114쪽)를 자른 것 2장
삶은 달걀 1개
올리브 오일에 재운 106g 중량의 정어리 1캔
신선한 고수 1/2컵

후무스를 만들기 위해 신선한 병아리콩을 이용한다면, 먼저 냄비 하나에 물을 펄펄 끓인다. 얼음
물을 채운 볼을 스토브 근처에 놓아둔다. 병아리콩과 마늘을 끓는 물에 넣고 2분가량 조리한다.
물기를 모두 뺀 다음 얼음물이 담긴 볼에 넣어 식히고 다시 물기를 제거한다. 말린 병아리콩을 사
용한다면 큐민 씨를 막대로 빻아 으깬다. 소스 팬에 병아리콩과 큐민 가루를 섞어 물을 붓고 뚜
껑을 덮고 끓인다. 물이 펄펄 끓으면 불을 낮추고 병아리콩이 완전히 부드러워질 때까지 2시간 반
~3시간을 계속 끓이는데, 이때 뚜껑을 살짝 열어둔다. 불을 끄고 물기를 제거한다.

병아리콩과 마늘(사용한다면), 참깨 타히니 소스, 민트(신선한 병아리콩을 사용할 경우), 레몬주스를 모
두 푸드 프로세서에 집어넣는다. 섞인 재료들이 매끄러운 페이스트 상태가 될 때까지 돌린다. 프로
세서가 작동하는 동안 올리브 오일을 일정한 속도로 첨가해 농도를 조절하고 여러분이 원하는 질
감이 되면 작동을 멈춘다.

스튜용 냄비에 올리브 오일을 0.6cm 가량 올라오도록 두르고 중간 불에서 팬을 달군다. 브레드를
넣고 진한 갈색을 띠며 아주 바삭바삭해질 때까지 약 3분간 튀긴다. 뒤집어서 브레드의 다른 면도
똑같이 튀긴다.

삶은 달걀을 체에 내려 으깬다. 튀겨낸 브레드 위에 후무스를 펴 바르고 정어리를 그 위에 올린다.
체에 거른 달걀과 잘라놓은 신선한 고수를 가니시로 뿌린 다음 내놓는다.

크랩 샌드위치 CRAB SANDWICH

로브스터 롤(lobster roll) 같은 창조 이래 가장 훌륭한 샌드위치들 중 하나에 영감을 받은 타르틴의 샌드위치는 웨스트 코스트 버전이다. 우리는 '대짜은행게'라고 하는 던지니스 크랩을 이용하는데, 크랩은 가을부터 이듬해 봄까지 구할 수 있다. 구이용 철판인 그리들에서 바삭바삭하게 구운 크루아상 위에 크랩을 얹은 다음 드레싱을 한 뒤 내놓으면, 다르게 보이지만 똑같이 매력적인 특별한 크랩 샌드위치가 된다. 4인분.

껍질 안쪽 부분에서 발라낸 신선한 던지니스
 크랩 살 340~454g
껍질을 벗기고 씨를 발라낸 다음 곱게 자른 작
 은 오이 1개
줄기를 제거한 처빌 1다발
줄기를 제거한 타라곤(tarragon) 1다발

강판에 곱게 간 레몬 1개분 제스트
마요네즈 2Tbsp
홀그레인 머스터드 1tsp
살짝 구운 파피씨드 1tsp
크루아상(160쪽) 4개를 반으로 자른 다음 그리
 들에 구운 것

볼에 크랩, 오이, 처빌, 타라곤 그리고 레몬 제스트를 넣고 혼합한다. 작은 볼에 마요네즈와 머스터드를 섞는다. 크랩을 추가하고 파피씨드를 넣은 다음, 조심스럽게 뒤집어가며 재료들이 서로 잘 뭉쳐지도록 한다. 반으로 자른 크루아상 중 밑면에 크랩 샐러드를 스푼으로 떠서 올린다. 크루아상의 윗면을 덮은 뒤, 내놓는다.

<h2 style="text-align:center">베이 쉬림프 샌드위치 BAY SHRIMP SANDWICH</h2>

타르틴 바의 브런치 메뉴로 유명한 이 샌드위치는 가격이 비싸지도 않을 뿐 아니라 크랩 샌드위치 대신으로도 제격인 아주 맛있는 샌드위치이다. 4인분.

리틀 잼 양상추(Little Gem Lettuce)[7] 반 통
레몬 1/2개
조리된 베이 쉬림프 340~453g
곱게 다진 회향의 둥그런 아랫부분 1/2컵
곱게 다신 회향의 윗부분 1/2컵
곱게 다진 셀러리 줄기 1/2컵
곱게 다진 셀러리 잎사귀들 1/2컵

마요네즈 2Tbsp
크렘 프레시(créme fraîche)[8] 2Tbsp
송어 알 2Tbsp
크루아상(160쪽) 4개를 반으로 나눈 다음 구운 것
소금

양상추를 가는 쉬포나드(chiffonade)[9] 방법으로 자른다. 만돌린을 이용해서 레몬 반 개를 얇게 썬다. 볼에 양상추 쉬포나드, 레몬, 쉬림프, 손질한 회향, 그리고 셀러리의 재료들을 모두 혼합한다. 작은 볼에 마요네즈와 크렘 프레시를 넣고 잘 섞어준다. 송어 알을 쉬림프 혼합물에 첨가하고 내용물들을 조심스럽게 뒤집어가며 잘 섞는다. 쉬림프 샐러드를 각각의 크루아상 밑면에 스푼으로 떠서 올린다. 소금으로 간을 맞춘다. 크루아상 윗면을 덮은 뒤, 내놓는다.

---

7 작은 뭉치의 양상추로 샐러드에 많이 쓰인다.
8 발효 유크림의 일종으로, 일반적인 사워크림(sour cream)보다 신맛이 덜하고 부드럽다.
9 잎들을 가지런히 모아 한꺼번에 가늘게 자르는 조리 용어로 샐러드를 만들 때 자주 사용한다.

케일 시저 KALE CAESAR

재능 있는 셰프 친구인 이그나시오 마토스(Ignacio Mattos)는 우리에게 조리하지 않은 신선한 케일에 드레싱을 뿌려 잎사귀 전체를 먹을 수 있는 즐거움을 소개했다. 이 레시피에서, 우리는 카발로 네로(cavalo nero)라고도 부르는 블랙 케일, 투스칸 케일 또는 다이너소어 케일을 이용한다. 단단한 야채와 진한 드레싱은 완벽한 겨울 브레드 샐러드이다. 원하는 만큼 양껏 먹어도 좋은 이 시저 샐러드는 건강에도 이롭다.

시저 드레싱 CAESAR DRESSING
레몬 2개
마늘 3쪽
올리브 오일로 재운 앤초비 살코기 6개
큰 달걀노른자 1개
소금
올리브 오일 2컵

가운데 줄기를 제거한 다음 손으로 찢은 블랙 케일 907g
오래된 베이직 컨트리 브레드 슬라이스 4장으로 만든 크루통(193쪽)
강판이나 칼로 얇게 깎아낸 숙성된 파마산 치즈 2/3컵

드레싱을 만들기 위해, 한 개의 레몬 제스트를 강판에 갈아낸다. 두 개의 레몬을 모두 반으로 자른다. 막자사발에 마늘, 앤초비와 레몬 제스트를 넣고 막대로 빻으면서 진한 페이스트 상태가 되도록 만든다. 달걀노른자와 소금 약간, 레몬주스를 첨가해서 모든 재료가 완벽히 섞이도록 혼합한다. 계속 저어주면서 올리브 오일 반 컵을 아주 조금씩 부어준다. 완성된 혼합물이 매끈하고 크림 같아 보이면 잘 만들어지고 있다는 뜻이다. 계속 오일을 천천히 넣으면서 저어준다. 드레싱은 묵직하고 두꺼운 질감이어야 한다. 일정 시간마다 오일 붓는 것을 멈추고 레몬주스를 첨가한다. 드레싱의 간을 본 다음 필요하면 소금과 레몬주스를 더 넣어 간을 맞춘다. 헤비 크림 같은 밀도가 엷은 드레싱을 만들려면 작은 물 한 스푼씩을 추가하면 된다.

커다란 볼에 케일과 크루통을 섞는다. 드레싱을 그 위에 뿌리고 케일, 크루통과 잘 섞이도록 굴린다. 파마산 치즈를 추가해서 다시 골고루 혼합한 다음 내놓는다.

토마토 프로방샬TOMATOES PROVANÇAL

클래식한 음식이 종종 주요리가 아닌 사이드 메뉴로 밀려나고 있지만, 매년 여름마다 텃밭에서 직접 키워 우리가 즐겨 먹는 토마토들이 그것을 바꿔놓았고 결국 우리가 좋아하는 음식은 테이블 위에서 뚜렷한 존재감을 드러낸다. 4~6인분.

반으로 비스듬히 자른 텃밭에서 잘 익은 토마
  토 4개(약 907g)
올리브 오일
소금

브레드 크럼BREAD CRUMBS
오래된 베이직 컨트리 브레드(47쪽)를 2.5cm의
  두께로 썬 것 2장
허브 드 프로방스 1Tbsp
강판에 곱게 간 레몬 1개분 제스트
강판에 간 숙성된 파마산 치즈 1/4컵
올리브 오일 3Tbsp

오븐을 약 섭씨 246도로 예열한다. 토마토를 베이킹 시트에 자른 단면이 위로 향하도록 배열한다. 반으로 자른 토마토 위에 올리브 오일을 스푼으로 골고루 두른 다음 소금으로 간을 맞춘다. 토마토의 윗부분이 살짝 캐러멜처럼 갈색이 될 때까지, 약 15분 동안 굽는다.

그 사이 브레드 크럼을 만들기 위해, 브레드를 푸드 프로세서에 넣고 돌려 고운 부스러기로 만들어준다. 허브와 레몬 제스트, 파마산 치즈, 올리브 오일을 넣고 모두 혼합되도록 돌린다.

토마토를 오븐에서 꺼낸 다음 잘 구워진 토마토의 단면 위에 브레드 크럼을 스푼으로 넉넉히 떠서 두른다. 브레드 크럼이 노르스름하게 구워질 때까지 오븐에 넣고 15분가량 구운 뒤, 내놓는다.

솔저 토스트와 곁들인 차가운 콩소메 CHILLED CONSOMMÉ WITH SOLDIERS

수많은 음식에 대한 기억을 과감히 떨쳐버리게 만든 메뉴가 하나 있었으니, 그 요리는 몹시 더웠던 이스트 빌리지의 어느 여름날, 가브리엘 해밀턴(Gabrielle Hamilton)이 운영하는 레스토랑 '푸룬(Prune)'에서 먹었던 차가운 콩소메였다. 대부분의 사람들처럼 나도 오래된 요리책에서 사진으로만 봤던 투명한 젤리 타입의 아스픽(aspic)을 직접 먹어본 건 그때가 처음이었다. 개인적으로 최고급 요리들 중에서도 까맣게 잊힌 이런 요리는 다시 되살릴 만한 가치가 충분히 있다고 생각한다. 이 레시피의 관건은 닭고기 육수의 깊은 맛이다. 육수는 결과물의 풍미와, 식었을 때 아스픽이 무너지지 않고 유지될 만큼 충분한 젤라틴이 있는지에 절대적인 영향을 준다. 따뜻한 토스트 위에서 서서히 녹아내리는 차가운 콩소메의 반짝이는 큐브들이 시각적 미각을 선사하는데, 이는 매우 만족스럽다. 어떤 토스트라도 따뜻하기만 하면 상관없다. 솔저(soldiers) 토스트의 경우, 굵고 짧은 막대 모양과 균등한 크기로 일정하게 자른 모습이 마치 군인들이 똑바로 서있는 모습과 비슷하게 보인다고 하여 붙여진 이름이다.

진한 닭고기 육수 RICH CHICKEN STOCK
올리브 오일 2Tbsp
듬성듬성 자른 양파 1개
껍질을 벗기고 듬성듬성 자른 당근 3개
내장과 간을 빼고 깨끗이 씻은 다음 불필요한
　지방을 제거한 닭 1마리, 약 1.4kg
씻은 닭발 6개
씻은 닭다리 4개
신선한 타임 잔가지들 6개

월계수 잎 1개
소금 1/4tsp

올리브 오일
신선하거나 오래된 베이직 컨트리 브레드
　(47쪽)를 두께 2.5cm로 자른 것 4장
가니시용 서렐(sorrel), 처빌, 타라곤, 회향 꼭
　지, 셀러리 잎사귀 혹은 바질 꼭지 잎사귀 같
　은 신선하고 부드러운 허브들

육수를 만들기 위해, 기름 두른 냄비를 중간 불에서 달군다. 양파와 당근을 넣고 중간중간 스패출러나 나무 주걱으로 섞어주면서 볶는데 재료들이 살짝 캐러멜처럼 갈색이 될 때까지 약 10분 동안 조리한다. 셀러리를 추가하고 5분 더 볶는다. 닭, 닭발, 닭다리, 타임, 월계수 잎, 소금을 넣고 약 4L의 물을 붓는다. 육수 위에 떠오르는 불순물을 걷어가며 천천히 끓인다. 약 1시간 반 동안 낮은 온도에서 계속 끓이며 우려내는데, 이때 뚜껑을 덮지 않고 육수 위에 떠오른 불순물을 자주 걷어내야 한다. 냄비에서 닭을 꺼낸 뒤, 껍질을 벗기고 뼈들은 발라내고 닭살은 나중에 치킨 샐러드 같은 음식을 만들 때 사용할 수 있게 잘 둔다. 이제 육수를 커다란 금속 재질의 볼 안쪽에 놓은 치즈클로스(cheesecloth)[10] 거름망을 통과시켜 걸러낸다. 얼음 담긴 볼에 깨끗한 육수가 담긴 볼을 올려

10　치즈를 만들 때 고형물의 액체를 걸러내는 면 소재의 세밀하고 하얀 천

놓고 저어가며 식힌다. 육수가 차가워지면 표면에 지방이 떠오르는데, 이를 모두 제거한다. 육수를 깨끗한 냄비에 붓고 센 불에서 다시 팔팔 끓인다. 불을 줄이고 자글자글 계속 끓이는데 뚜껑을 연 채로 조리하되, 육수의 양이 2L 정도가 될 때까지 1시간가량 졸인다. 육수를 거름망이 있는 금속 볼에 부어 불순물을 또 걸러낸다. 얼음 담긴 볼에 육수가 담긴 볼을 놓고 저어가며 식힌다. 식은 육수를 유리나 에나멜 재질의 직사각형 그릇에 1.3~2.5cm 높이가 되도록 따른다. 랩을 씌우고 냉장고에 넣어 밤새 굳힌다. 남은 육수는 다른 용도로 쓸 수 있게 뚜껑 있는 용기에 담아 냉장고에 두면 3일까지 보관이 가능하다.

내놓기 바로 전에, 커다란 스튜용 냄비에 올리브 오일을 0.6cm 정도 올라오도록 두르고 중간 불에서 팬을 뜨겁게 달군다. 브레드를 넣고 진한 갈색에 아주 바삭바삭한 질감이 날 때까지 튀긴다. 뒤집어서 브레드의 다른 면도 마찬가지로 진한 갈색에 아주 바삭바삭해질 때까지 튀긴다. 완성된 브레드를 너비 1.3cm의 가늘고 긴 모양으로 자른다. 브레드가 뜨거울 때 테이블로 옮긴다.

콩소메 용기를 도마 위에 놓고 빼낸다. 1.3~2.5cm의 정육면체 모양으로 자르고 차가운 접시에 올려놓는다. 허브들로 가니시를 하고 브레드와 함께 내놓는다.

화이트 가스파초 WHITE GAZPACHO

언어학자들은 세계적으로 유명한 스페인 수프인 가스파초의 기원에 대해 많은 자료들을 언급하며 여전히 논쟁을 벌이고 있는데, 아랍어로 풀면 가스파초는 '축축하게 젖은 브레드'란 뜻이고, 그리스 어로 하면 '먹을 것으로 만든 보물처럼 귀한 작은 집'으로 해석된다. 하지만 이 수프가 브레드만큼 오래되었다는 기본적인 전제를 부정하는 이는 아무도 없다. 고대 로마 시대에 적힌 글귀 중 하나는 이를 '마실 수 있는 음식'으로, 오래된 브레드, 비니거와 올리브 오일을 섞어 차갑게 으깨놓은 것으 로 묘사하고 있다. 그렇게 으깨놓은 음식은 봉건 시대를 겪은 스페인 농부들의 중요한 영양 공급원 이기도 했다.

　가스파초는 스페인 전역에 걸쳐 (계절에 따라) 다양한 맛을 갖고 있다. 브레드와 마늘을 기본으로 한 화이트 가스파초는 스페인 음식이 미국에 정착한 이후, 일반적인 토마토를 기본으로 만드는 방 법보다 훨씬 더 먼저 선보인 음식이다. 전통적으로 레드 가스파초는 브레드를 사용해서 똑같은 방 법으로 진하게 만든다. '화이트' 음식의 가니시로 '레드'를 이용하는 방법은 최고의 한방이자 정점이 라 하겠다. 4~6인분.

화이트 가스파초 WHITE GAZPACHO
생아몬드 907g
마늘 2쪽
오래된 베이직 컨트리 브레드(47쪽)를 두께
　　1.3cm로 자른 것 4장
물 6컵
소금 1/2tsp
올리브 오일 1컵
셰리 비니거 1/4컵
레몬주스 1/4컵

레드 가스파초 가니시 RED GAZPACHO GARNISH
듬성듬성 자른 체리 토마토 2컵
씨를 발라내고 듬성듬성 자른 레드 그레이프
　　2컵
껍질 벗기고 듬성듬성 자른 잉글리시 오이
　　1개
올리브 오일 2Tbsp
셰리 비니거 1Tbsp
소금 1/4tsp
신선하게 간 후추
자른 신선한 민트 잎사귀들 1/4컵

가스파초를 만들기 위해, 냄비에 물을 넣고 끓인다. 아몬드와 마늘을 넣고 2분 동안 삶는다. 물 을 따라낸다. 순수한 화이트 가스파초를 원한다면, 손으로 작업할 수 있을 만큼 아몬드가 충분히 식었을 때 껍질을 벗겨내고 브레드의 껍질 부분을 잘라낸다. 손질한 아몬드 반과 마늘을 블렌더 에 넣는다. 브레드 반과 물, 소금을 첨가한다. 모든 재료들이 걸쭉하고 매끄러워질 때까지 블렌더 를 고속으로 돌린다. 올리브 오일을 반쯤 넣고 다시 섞는다. 커다란 볼에 체를 놓고 가스파초를 통 과시켜 걸러낸다. 남아있는 아몬드, 마늘, 브레드, 물과 오일로 다시 이 과정을 반복한다. 비니거와 레몬주스를 넣고 섞는다. 가스파초는 생크림과 같은 밀도를 갖고 있어야 한다. 필요하다면 소금으

로 간을 맞춘다. 수프를 냉장고에 서너 시간 넣어두어 차갑게 만든다.

레드 가스파초 가니시를 만들려면 볼에 토마토, 포도, 오이를 모두 넣는다. 올리브 오일, 비니거, 간을 위한 소금과 후추, 그리고 민트를 넣고 저어준다.

내놓을 때, 움푹 들어간 얕은 볼에 화이트 가스파초를 떠서 넣고, 레드 가스파초를 몇 스푼 떠서 위에 올린다.

소파 드 아호 SOPA DE AJO

소파 드 아호 혹은 '마늘 수프'라고 불리는 이 음식은 스페인 중부의 옛 왕국이었던 카스티야 (Castile)인들의 전통적인 요리이다. 가스파초와 함께 스페인 전역에서 매우 다양한 가니시와 곁들여 먹는데, 마늘과 브레드를 기본으로 만든다는 방법은 동일하다. 일반적으로 달걀 전체 혹은 노른자로 마무리한다. 여러분이 미리 육수와 크루통을 만들어놓는다면 수프는 빨리 만들어진다. 노른자가 육수에 풍부한 영양과 진한 맛을 형성하는 동안, 육수에서 간단히 끓여낸 크루통은 순식간에 부드러운 크런치 식감을 낸다. 4~6인분.

진한 닭고기 육수(223쪽) 1L
올리브 오일 1Tbsp
쪽으로 분리해서 껍질을 벗기고 굵직하게 자른 마늘 윗머리 1통
드라이 화이트 와인 1/2컵
스패니시 파프리카 2tsp

베이직 컨트리 브레드 슬라이스 3장으로 만든 크루통(193쪽)
가니시용 신선하고 평평한 잎사귀를 가진 파슬리를 자른 것
큰 달걀노른자 4~6개

육수를 커다란 소스 팬에 따르고 약간 센 불에 놓고 자글자글 끓인다.

약간 센 불에 커다란 스튜용 냄비를 놓고 달군 다음, 올리브 오일을 첨가한다. 오일 표면이 어른거리고 연기는 아직 나지 않은 상태에서 마늘을 넣고, 약간 약한 불로 줄여 마늘이 살짝 노릇해질 때까지 30초~1분 동안 뭉근한 소테(sauté)가 되도록 만든다. 와인을 첨가하고 이 와인이 증발할 때까지 저어가며 요리한다. 스패니시 파프리카를 넣고 마늘과 함께 1분 동안 재빨리 볶아 소테를 만든다.

크루통을 스튜용 냄비에 넣고 뜨거운 육수를 붓는다. 육수가 끓으면 2분 동안 자글자글 더 끓인다. 그러고 나서 팬을 스토브에서 내려놓는다. 파슬리로 가니시를 하고 달걀노른자를 스푼으로 떠서 요리 위에 옮겨 담은 후, 내놓는다.

프렌치 어니언 수프 FRENCH ONION SOUP

이 양파 수프의 오리지널 레시피는 손쉽고 빠르게 만드는 수프들의 기본으로 유래되고 있다. 양파는 항상 오리 기름이나 버터로 튀기고 브레드와 함께 진한 풍미 가득한 육수를 만드는 데 사용되었다. 여기에서, 우리는 크림과 더불어 오리 기름과 버터를 모두 이용한다. 조리된 양파는 특유의 향을 크림에 불어넣을 것이고, 액체가 졸여지면서 우유는 양파와 함께 캐러멜화 된 후 딱딱하게 굳는다.

0.6cm 두께로 썬 커다란 양파 6개
헤비 크림 1컵
무염 버터 1Tbsp
오리 기름 1Tbsp
소금 1tsp

드라이 화이트 와인 2컵
진한 닭고기 육수(223쪽) 2L
오래된 통밀 브레드(114쪽) 혹은 베이직 컨트리
　　브레드(47쪽)를 2.5cm 두께로 썬 것 4장
강판에 간 그뤼에르 치즈 142g

약 2.8L 용량을 여유 있게 조리할 수 있는 소테 팬에 양파, 크림, 버터, 오리 기름, 소금을 넣고 혼합한다. 중간 불에서 가끔씩 저어가며 양파가 부드러워지고 투명한 소테가 될 때까지, 약 10분 동안 조리한다. 양파와 크림이 팬에서 지글지글 끓도록 불을 조절한다. 양파를 냄비 바닥 전체에 깔고 불을 약간 높인 다음 냄비 바닥이 갈색으로 변하기 시작할 때까지 재료에 손대지 말고 약 6분 동안 졸여지도록 내버려둔다. 나무 주걱을 이용해서 갈색으로 변한 양파를 냄비 바닥에서 떨어지도록 긁는다. 와인 반 컵을 첨가하고, 갈색으로 변한 양파들을 와인과 잘 섞이도록 휘저어가면서 소스 같은 상태로 녹여낸다. 진한 갈색으로 다시 변할 때까지 양파에 손대지 말고 약 6분 동안 계속 조리한다. 그런 다음, 냄비 바닥에 갈색으로 변한 양파를 또 긁어내고 와인 반 컵을 더 첨가해서 소스 같은 상태가 되게 한다. 이렇게 와인 반 컵 분량을 앞서 했던 대로 두 번 더 하면서, 양파를 아주 진한 캐러멜처럼 되게 녹인다.

이것을 육수와 함께 냄비에 붓고 중간 불에서 지글지글 끓어오르도록 한 뒤, 양파의 풍부한 향이 살아날 때까지 국물을 약 15분간 조리한다. 필요하다면 소금으로 간을 맞춘다.

오븐을 약 섭씨 204도로 예열한다. 베이킹 시트에 브레드를 한 층으로만 펼쳐 배열한다. 건조하고 잘 부서질 때까지 약 15분 동안 굽는다. 오븐 전용 그릇에 국자로 그릇의 테두리까지 올라오도록 국물을 떠서 한 가득 채운다. 브레드 슬라이스 한 장이 곧 1인분으로, 이를 그릇 위에 얹는다. 그뤼에르 치즈를 뿌린다. 그릇을 조심스럽게 베이킹 시트로 옮긴 후, 오븐에 넣는다. 치즈에 기포가 생기고 갈색으로 녹아들 때까지 약 20~30분 동안 구운 다음, 내놓는다.

잠봉 부에르 타르틴 JAMBON BUERRE TARTINE

프랑스 전역의 도로 옆 휴게소들과 슈퍼마켓에는 햄, 버터, 브레드를 기본으로 하는 샌드위치들이
항상 있다. 이 조합을 조금 더 세련되게 만들면 파리 같은 도시의 와인 바에서 와인 한 잔과 즐기는
가벼운 점심이나 오후의 간식으로 적당하다. 이 요리를 만들려면, 최고급 햄을 구한 다음 아주 얇
게 썬다. 부드러운 버터를 치즈처럼 잘라서 브레드 위에 골고루 바른다. 버터 바른 베이직 컨트리
브레드(47쪽)의 슬라이스 사이에 햄을 넣고 샌드위치를 만든다.

<h2 style="text-align:center">니수아즈 팡 바냐 NIÇOISE PAN BAGNET</h2>

브레드 사이에 낀 니수아즈 샐러드(salade niçoise), 이 샌드위치는 해변에서 혹은 장거리 하이킹으로 한낮을 보내며 먹기에 안성맞춤이다. 만약 이 샌드위치를 하루 전날 미리 준비하면, 밤사이 브레드가 드레싱의 액체를 흡수해서 한결 부드러워지고 풍미는 향상된다.

　내가 팡 바냐를 처음 먹어본 것은 프랑스의 리비에라에 있는 작은 섬이자 베이커들과 페이스트리 세프들의 수호성지라 불리는 생오노라 섬(Île Saint-Honorat)으로 리즈와 당일치기 여행을 떠났던 날이었다. 페리 부두 근처에 텃세 강한 지역 주민이 운영하는 참치 샌드위치 가게가 있었는데, 주인 아저씨가 다니엘 콜린스의 베이커리에서 가져온 브레드 하나를 몽땅 이용해서 반으로 가른 다음 샌드위치를 만들어주었다. 가게를 나와서 우리는 햇살이 빛나는 눈부신 오후를 만끽하며 독서도 하고 거대한 샌드위치를 간식으로 먹으며 바다 광물들을 바라보는 시간도 가졌다.

　며칠 전에 미리 참치를 준비해 끓는 물에 익힌 다음 밀폐용기에 담고 올리브 오일에 재워 냉장 보관해둘 수 있다. 참치 캔으로 대체해도 된다. 이 샌드위치는 아주 간단하고 쉽다. 4~6인분.

참치 콩피(TUNA CONFIT)
실온에서 두껍게 자른 신선한 참치 살코기 907g
소금
올리브 오일
마늘 3쪽
말린 고추 3개
타임 잔가지 3개
마조람 잔가지 3개

꽈리고추 3개

타프나드(TAPENADE)
씨를 빼내고 자른 니수아즈 올리브 2컵
레몬 1개분 제스트와 주스

신선한 타임 잎사귀들 1tsp
홍고추 플레이크 1/4tsp
오일에 담가둔 앤초비 살코기 6~8개를 건져
　기름을 걸러낸 것
듬성듬성 자른 마늘 2쪽
액체를 거르고 듬성듬성 자른 케이퍼 2Tbsp
셰리 비니거 1tsp
올리브 오일 2Tbsp

세로 방향으로 자른 바게트(126쪽) 1~2개
종이처럼 얇게 썬 레몬 1개
케이퍼 베리 113g짜리 1병의 액체를 거른 것
루콜라 227g

참치 콩피를 만들기 위해, 우선 작은 냄비 바닥에 참치 살코기를 한 층으로 가지런히 붙여 배치한다. 소금으로 간을 맞춘다. 냄비 바닥에서 높이가 1.3cm가량 올라오도록 올리브 오일을 충분히 부어서 참치들을 덮는다. 마늘을 빻는다. 냄비에 마른 고추, 타임, 마조람을 넣는다. 가장 약한 불에서 올리브 오일을 만져도 괜찮을 정도로 따뜻해질 때까지 가열한다. 생선의 붉은 빛깔이 점차 분홍빛이 도는 회색으로 변하면 생선이 조리되고 있다는 표시이다. 아주 약한 불에서 생선을 5분가량

멈추지 말고 조리한다. 불에서 냄비를 내리고 15분 동안 식힌다. 참치가 차가워지도록 둔다. 오일에 잠긴 상태 그대로 1주일 정도는 냉장 보관이 가능하다.

오븐을 약 섭씨 246도로 예열한다. 베이킹 시트에 꽈리 고추들을 올리고 껍질이 쉽게 부스러지도록 그을릴 때까지, 20~25분 동안 굽는다. 뜨거운 고추들을 종이봉지에 8분가량 넣어두면 고추에 습기가 차오르고 껍질이 흐물흐물해진다. 손으로 만질 수 있을 만큼 식었을 때, 탄 껍질을 벗겨내고 줄기와 씨를 모두 제거한다. 볼에 옮겨 담아 소금으로 간을 맞추고, 올리브 오일로 드레싱한다.

타프나드를 만들려면, 올리브와 레몬 제스트, 레몬주스, 타임, 홍고추 플레이크, 앤초비, 마늘, 케이퍼, 비니거를 푸드 프로세서에 모두 넣고 거친 페이스트 질감이 날 때까지 돌린다. 올리브 오일로 촉촉한 맛을 낸다.

바게트를 세로로 놓고 반으로 자른 다음, 타프나드를 바게트 양쪽 혹은 한쪽에 펴 바른다. 오일에 재워둔 참치를 꺼내 기름을 빼내고, 포크로 생선 슬라이스들을 분리해 브레드 위에 균일한 층으로 올린다. 오븐에서 구운 고추로 생선 위에 또 한 층을 올리고 썰어놓은 레몬, 케이퍼를 차례로 올린다. 루콜라를 넉넉하게 흩트리면 완성된다. 즉시 내놓거나, 파치먼트 페이퍼로 꾹꾹 말은 후 랩으로 한 번 더 감싼다. 묵직한 베이킹 시트 두 장 사이에 샌드위치를 놓고 최소 1시간 이상 눌러주는데, 이는 브레드에 재료들의 풍미가 배게 하기 위해서이다. 원한다면 냉장고에 넣어 밤새도록 압력을 주어도 된다.

클라리스의 미트볼 샌드위치CLARISE'S MEATBALL SANDSICHES

타르틴에서는 한 달에 한 번 쇠고기 한 꾸러미가 커다란 냉장고로 들어온다. 타르틴의 일반 메뉴에는 고기가 들어가지 않기 때문에, 우리는 멜리사 로버츠가 타르틴 식구들을 위해 어머니가 전수해준 클라리스의 미트볼 샌드위치를 만들고 있음을 자동적으로 인지한다. 루콜라가 들어간 마늘과 진한 페스토 스프레드는 미트볼과 소스에 인상적인 향미를 부여한다. 1인분.

페스토 스프레드PESTO SPREAD
곱게 다진 마늘 1/4컵
잘게 다진 신선하고 평평한 파슬리 잎사귀들
  1/4컵
잘게 다진 신선한 바질 잎사귀들 1/4컵
잘게 다진 루콜라 1/2컵
잘게 부순 잣 1/4컵
올리브 오일 3Tbsp
강판에 곱게 간 파마산 치즈 2Tbsp
레몬주스 2tsp
소금 1/4tsp

미트볼MEATBALLS
올리브 오일 2Tbsp
다진 큰 양파 1개
최소 20%의 지방이 든 다진 쇠고기 454g
다진 돼지고기 454g
큰 달걀 4개

우유 1컵
강판에 간 로마노(Romano) 치즈 1컵
드라이 레드 와인 1/4컵
오래된 베이직 컨트리 브레드 혹은 바게트로
  만든 브레드 크림(193쪽) 2컵
줄기를 제거하고 잎사귀들을 자른 평평한 잎
  의 파슬리 1다발
소금 1 1/2tsp
후추 1/2tsp
홍고추 플레이크 1/4tsp

토마토 소스TOMATO SAUCE
다진 마늘 3쪽
다진 토마토 454g짜리 캔 2개

베이직 컨트리 브레드(47쪽) 로프 1개 혹은 바
  게트(126쪽)를 반으로 자른 것
얇게 썬 프로볼로네(Provolone) 치즈 226g

페스토 스프레드를 만들기 위해서는 먼저 마늘, 파슬리, 바질, 루콜라, 잣, 올리브 오일, 파마산 치즈, 레몬주스, 소금을 푸드 프로세서에 모두 넣고 페이스트 상태가 될 때까지 돌린다. 이 스프레드는 이틀 전에 미리 만들어놓고 냉장 보관할 수 있다.

미트볼을 만들기 위해, 커다란 스튜용 냄비를 약간 약한 불에 놓고 올리브 오일이 따뜻해질 때까지 기다린다. 양파를 넣고 양파가 투명해지고 색이 올라오기 시작할 때까지 15분가량 조리해서 소테 상태로 만든다. 불에서 팬을 내려놓고 그대로 식힌다. 쇠고기, 돼지고기, 달걀, 우유, 치즈, 와인, 브레드 크림, 파슬리, 소금, 후추, 홍고추 플레이크, 그리고 차가워진 양파들을 커다란 볼에 넣

고 손으로 잘 섞는다. 이를 살구 크기의 공 모양으로 만든다.

커다란 스튜용 냄비를 중간 불에서 달군다. 미트볼은 한 번에 많이 만들어놓고 한꺼번에 굽는다. 미트볼 간격을 대략 1.3cm으로 맞추어 팬에 올린 다음, 약 2분 정도 손대지 말고 구워지도록 둔다. 미트볼이 노릇하게 구워졌을 때 뒤적여준다. 미트볼의 모든 면이 갈색으로 변할 때까지 조리를 계속한다. 접시에 다 익은 미트볼을 옮겨 담고, 남아있는 미트볼도 마찬가지로 구워서 완성한다.

토마토 소스를 만들려면, 미트볼을 조리한 스튜용 냄비에 남은 기름을 제거하고 중간 불에 올린다. 마늘을 팬에 넣고 2분가량 재빨리 볶아 투명한 소테 상태로 만든다. 토마토를 추가해 걸쭉하게 녹이면서, 냄비에 달라붙은 재료들을 나무 주걱으로 긁어가며 저어준다. 토마토가 한 번 확 끓으면 불의 세기를 줄인다. 미트볼을 토마토 소스가 담긴 팬에 넣고 20분 동안 자글자글 끓인다.

오븐을 약 섭씨 177도로 예열한다. 자른 로프 위에 페스토 스프레드를 펴 바른다. 미트볼과 토마토 소스를 스푼으로 떠서 반쪽 로프 위에 올리고 프로볼로네 치즈 슬라이스를 위에 올린 다음 다른 반쪽 로프로 덮는다. 알루미늄 호일로 샌드위치를 느슨하게 감싼다. 치즈가 녹아내리고 브레드가 바삭바삭하게 구워질 때까지 25분가량 굽는다. 오븐에서 꺼내어 10분을 그 상태로 둔 다음 호일을 벗겨내고 잘라서 내놓는다.

<h1 style="text-align:center">반미 BÀNH-MI</h1>

프랑스 통치를 받았던 베트남 주민들은 프랑스 문화에서 바게트와 파테를 받아들여 자신들만의 새로운 샌드위치를 창조해냈다. 반미는 '브레드'를 의미하는 말이다. 반미 숍에서 샌드위치를 주문할 경우, 여러분이 속재료를 선택하면 이것들을 모두 바게트에 넣어 샌드위치를 만들어준다. 내가 만드는 반미는 텍사스에 있는 호텔 포시즌에서 내 인생 처음으로 요리를 시작했을 때 나를 지도해주었던 메리 판(Mary Phan)에 대한 존경의 표시와도 같은 것이다. 당시 그녀는 호텔에 있는 베이크 숍과 돼지고기를 다루는 주방에서 가져온 최상의 식재료들로 내가 단 한 번도 먹어본 적이 없던 베트남식 샌드위치를 만들어주었다.

　　이 샌드위치는 책에 있는 두 개의 다른 레시피들에서 남은 재료들을 이용한다. 특히 존 쏜(John Thorn)의 레시피에서 적용한 특별한 갈릭 피시 소스를 빼면 안 되는데, 이 소스가 샌드위치의 전통적인 풍미를 내주기 때문이다. 4~8인분.

초절임 야채 PICKLED VEGETABLES
레드 와인 비니거 3컵
물 3컵
설탕 1/2컵
소금 2Tbsp
0.6cm 두께로 자른 적양파 1개
껍질을 벗기고 세로로 성냥개비 만하게 자른
　작은 당근 1다발
얇게 썬 순무 1다발

그린 아이올리 GREEN AIOLI
줄기를 제거한 바질 1다발
고수 잎(cilantro) 1다발
퀵 아이올리(261쪽) 혹은 마요네즈 2컵
마늘 3쪽(마요네즈를 사용한다면)
라임 2개분 주스
씨를 빼낸 할라피뇨 혹은 세라노 칠리 1개
소금 1tsp

마늘 피시 소스 GARLIC FISH SAUCE
마늘 4쪽
라임 3개분 주스와 과육
고추기름 1tsp
베트남 피시 소스 2Tbsp

신선하게 구워낸 혹은 오래된 바게트(126쪽)
　1개 혹은 2개를 세로 방향으로 잘라 4등분
　으로 나누고 구운 것
포르케타(porchetta, 269쪽) 12조각 혹은 모르
　타델라(mortadella)나 헤드치즈(headcheese)
　같은 돼지의 특정 부위로 만든 편육 283g
베이커의 푸아(265쪽)
각각 4등분한 라임 2개

초절임 야채를 만들기 위해, 커다란 볼에 비니거, 물, 설탕, 소금을 모두 넣고 저어준다. 양파, 당근, 순무를 첨가한다. 최소 30분 동안 그대로 놓아두면 야채들은 약간 부드러워지고 색은 진해질 것이다.

그린 아이올리를 만들기 위해, 바질 1컵과 듬성듬성 자른 고수 잎 1컵을 블렌더에 넣는다. 남아있는 허브들은 가니시로 쓸 것이므로 잘 보관해둔다. 아이올리 혹은 마요네즈와 마늘(만약 마요네즈를 사용한다면), 라임주스, 칠리, 소금을 첨가해서 혼합물이 일정하게 녹색을 띠며 매끄러워질 때까지 블렌더를 돌린다. 아이올리가 너무 진해 보이면 물 한 스푼을 추가한다.

내놓기 바로 전에, 마늘 피시 소스를 만든다. 막자사발에 마늘을 넣고 빻다가 라임 주스와 과육을 첨가해서 다시 페이스트 상태로 으깬다. 고추기름과 피시 소스를 넣어 섞는다.

초절임 야채들, 그린 아이올리, 마늘 피시 소스, 보관해둔 허브들을 그릇들에 담아 내놓는다. 접시에 푸아와 함께 구운 바게트와 포르케타를 올려놓는다. 여러분이 좋아하는 필링들을 조합해서 샌드위치를 만든 다음, 가니시로 허브를 뿌리고 라임을 짜서 뿌리면 완성된다.

파나드PANADE

파나드는 '드라이 수프'와 유사한 기본 프렌치 준비 요리이다. 이태리 버전으로는 리볼리타(ribollita)라고 하고, 마세도니아에서는 팍시마디아(paximadia) 또는 러스트라고도 부르는 이 음식은 드라이 수프를 만드는 데 쓴다. 이 요리는 아주 광범위한 응용이 가능한데, 기본 조리법은 언제나 건조한 브레드를 물이나 육수로 촉촉하게 만든 다음 스토브 위에서 조리하거나 오븐에서 브레드가 액체를 모두 흡수할 때까지 구워내는 것이다. 이 요리는 뿌리 야채, 양배추, 녹색 야채들, 또 여러분에게 있는 다양한 야채들과 허브, 훈제한 고기 한 덩어리와 곁들이면 전체적인 풍미를 더욱 높일 수 있다. 달걀이 주재료인 브레드 푸딩과 달리, 파나드는 오븐에서 꺼낸 후 둘째 날 또는 셋째 날에 최고의 형태가 만들어진다. 조각 케이크를 자르듯 파나드를 자른 다음 크림 한 스푼을 올려 촉촉하게 하고 다시 데운다. 이렇게 준비한 풍부한 맛과 향의 파나드는 오븐에서 꺼낸 뒤 바로 테이블로 내놓는 것보다 훨씬 더 멋진 모양으로 완성된다. 4~6인분.

무염 버터 6Tbsp
하얀 부분만 이용해서 곱게 썬 대파 2개
우유 6컵
소금
오래된 베이직 컨트리 브레드(47쪽)를 약
  2.5cm의 두께로 자른 것 4장

껍질 벗기고 씨를 발라낸 다음 0.6cm 두께로
  자른 작은 버터호두 호박 1개
줄기를 제거한 블랙 케일 1다발
손질해서 1.3cm로 썬 콜리플라워 1개(약
  680g)
얇게 썬 폰티나 치즈 약 227g
헤비 크림 (선택 사항)

오븐을 약 섭씨 191도로 예열한다.

중간 불에 올린 소스 팬에 버터 1Tbsp을 녹인다. 손질한 대파를 넣은 다음 흐물흐물해지는 소테 상태가 될 때까지 5분가량 조리한다. 우유 2컵을 팬에 넣고 남아있는 5Tbsp의 버터와 2tsp의 소금을 첨가한다. 모든 재료를 끓어오르게 한 다음 불 위에서 내려놓는다.

약 4.7L의 부피를 수용할 만큼 깊이가 깊고 묵직한 냄비 바닥을 2개나 그 이상의 브레드 슬라이스로 덮는다. 호박도 동일한 방법으로 브레드 위에 평평하게 올려 덮은 다음, 앞서 만들어놓은 뜨거운 우유 혼합물을 이 냄비에 붓는다. 남아있는 2개의 브레드 슬라이스와 케일을 맨 위에 뚜껑처럼 덮는다. 콜리플라워를 케일 위에 올린다. 만약 재료들이 냄비에 딱 들어맞지 않으면, 재료들을 눌러 압축한다.

남아있는 4컵의 우유 혼합물을 야채와 브레드에 붓는다. 높이가 냄비의 가장자리까지 이르면 우유를 그만 붓는다. 소금으로 간을 맞춘다. 냄비 뚜껑이나 알루미늄 호일로 냄비를 닫는다. 오븐에서 30분 동안 굽는다. 냄비 뚜껑을 열고 치즈를 맨 위에 가지런히 뿌린다. 다시 뚜껑을 덮고 오븐에 넣어, 액체가 브레드에 흡수되어 줄어들고 치즈가 녹아서 갈색이 될 때까지 약 20분 동안 더 굽는다. 파나드가 식었을 때 그 결과물은 다 말라 보여야 한다.

즉시 내놓거나 냉장고에서 3일 가량 두어 차갑게 만든다. 다시 데울 때는 파나드를 케이크 자르듯이 자르고, 오븐에 넣어도 되는 개인용 접시에 담는다. 크림 1/4컵을 각각의 조각에 뿌리고 약 섭씨 191도로 예열된 오븐에 넣어 15~20분 동안 굽는다.

쐐기풀 프리타틴 NETTLE FRITATINE

일반적으로 쐐기풀은 철분과 단백질, 칼슘 함량이 높은 야채로, 종종 시금치와 맛이 비슷한 것으로 알려졌지만 그보다는 조금 더 거칠고 약초 성분이 많이 함유되어 있다. 나는 오래된 브레드를 이용한 전통적인 요리를 조사하는 동안 시슬리 지방에서 고전적으로 만들어 먹는 프리타틴(fritatine)에 대해 읽은 적이 있다. 오믈렛의 한 종류로 상상했던 이 음식을 우리는 거친 브레드 크럼과 충분한 쐐기풀, 그리고 이 재료들을 혼합할 만큼의 달걀을 이용해 만들기로 했다. 올리브 오일에 튀겨서 간단한 토마토 소스와 함께 내놓았던 프리타틴은 지금 사람들이 너무나 좋아하는 보물 같은 음식이 되었다.

이 레시피에는 약 227g의 쐐기풀 잎사귀들이 들어가는데, 그냥 스튜용 냄비 한가득 쐐기풀 잎사귀로 꽉 차는 것이 이상적이라 보면 된다. 조리되지 않은 잎사귀들은 건드리는 모든 것을 찌르고 쏘기 때문에, 집게나 장갑을 끼고 다뤄야 한다. 1~2인분.

올리브 오일 3Tbsp

쐐기풀 약 227g

오래된 베이직 컨트리 브레드 슬라이스 3장으로 만든 크루통(193쪽)을 부셔서 거친 브레드 크럼으로 만든 것

큰 달걀 1개

토마토 소스(255쪽) 1 1/2컵

소금과 신선하게 간 후추

레몬 1조각

지름 30cm 정도의 다소 무거운 스튜용 냄비를 중간 불에 올리고 가열한 다음 올리브 오일 1Tbsp을 팬에 두른다. 기름이 뜨거워지며 아직 연기는 나지 않을 때 쐐기풀 잎사귀들을 넣는다. 불을 끄고 그 상태에서 쐐기풀들이 냄비의 열기로 계속 조리되도록 2분가량 뒤집어가며 섞는다. 쐐기풀이 골고루 살짝 익었을 때, 팬에서 꺼내고 이를 듬성듬성 썰어 낸다.

볼에 쐐기풀, 거친 브레드 크럼, 달걀을 넣는다. 크럼과 쐐기풀이 달걀과 함께 혼합되도록 잘 저어 준다.

지름 약 15cm 정도의 스튜용 냄비를 중간 불에서 달구고, 남아있는 올리브 오일 2Tbsp을 전부 넣어 두른다. 오일이 뜨거워지면 쐐기풀 혼합물을 넣고 팬에 평평하게 놓이도록 배치한다. 재료의 가장자리가 바삭바삭해질 때까지, 2분가량 조리한다. 이렇게 만들어진 오믈렛을 반으로 접은 후 30초 동안 더 조리한다. 접시에 옮겨 낸다.

토마토 소스를 스튜용 냄비에 넣고 센 불에서 달군다. 오믈렛을 소스에 조심스럽게 올린 다음, 약 30초 동안 지글지글 끓인다. 레몬즙을 짜서 위에 뿌린 뒤, 내놓는다.

르 투린 LE TOURIN

먹으면 건강해지는 수프, 르 투린(le tourin)은 음식이면서 음료이기도 하다. 프랑스 남서쪽 지역의
사람들이 주로 먹던 이 음식은 어디에서 무엇을 얻느냐에 따라 다양한 맛이 있다. 이 같은 브레드
수프는 재빨리 준비해서 그날 일찍 먹거나 오후 작업을 시작하기 전, 원기회복을 위해 정오 음식
으로 먹기에 좋다. 여기에 소개하는 것은 가장 단순한 스타일의 르 투린으로 오일이나 오리 기름에
튀긴 양파와 끓인 물을 오래된 브레드 위에 붓고 비니거로 간을 맞춘 후, 달걀 프라이와 함께 낸다.
여기에 쓰이는 액체는 영양분으로 가득한 육수를 이용하고, 한 끼 식사로 하려면 야채들을 추가한
다. 2인분.

올리브 오일 혹은 정제된 오리나 닭 기름
 2Tbsp, 추가 1/4컵
껍질을 벗기고 세로로 반 자른 어린 당근 1다발
4조각으로 각각 자른 양파 2개
줄기를 제거한 케일 1다발
진한 닭 육수(223쪽) 1L
큰 달걀 2개

소금과 신선하게 간 후추
레드 와인 비니거
오래된 통밀 브레드(114쪽) 혹은 베이직 컨트리
 브레드(47쪽)를 자른 3장을 손으로 큼직큼직
 하게 찢은 것

커다란 소테 팬을 살짝 센 불에 올려놓고 올리브 오일 2Tbsp을 두른다. 손질한 당근과 양파의 단
면이 아래로 향하도록 팬 위에 놓는다. 불을 중간으로 내리고 재료들이 살짝 캐러멜처럼 될 때까지
5~8분가량 손대지 말고 그대로 둔다. 야채들을 뒤집어서 양파의 다른 단면들도 확인해가며, 캐러
멜처럼 될 때까지 5~8분가량 익힌다. 케일을 넣고 육수를 부은 다음 펄펄 끓인다. 불을 줄이고 끓
고 있는 그 상태로 10분 동안 조리한다.

작은 오믈렛 팬을 센 불에 올려놓고 달군다. 올리브 오일 1/4컵을 두른다. 연기는 올라오지 않고 뜨
거운 열로 기름 위가 일렁이는 것처럼 보이기 시작할 때 달걀을 깨어 팬에 올리는데, 이때 노른자가
깨지지 않도록 한다. 2분 30초 동안 프라이를 하고 조심스럽게 뜨거운 오일을 스푼으로 떠서 노른
자 위에 뿌리며 노른자가 더욱 잘 익게 한다. 남은 오일을 세심하게 쏟아낸다. 소금, 후추, 비니거로
달걀의 간을 맞춘다.

거칠게 찢은 브레드와 야채들을 내열성이 있는 볼에 담는다. 뜨거운 육수를 그 위에 붓는다. 달걀
프라이를 맨 위에 올린 다음, 내놓는다.

병아리콩 브렉퍼스트 수프 GARBANZO BREAKFAST SOUP

어느 늦은 밤, 나는 여행 다큐멘터리 프로그램에서 레블레비(leblebi)라고 부르는 튀니지 노동자들의 아침 식사를 얼핏 보게 되었다. 병아리콩과 양념들, 절인 생선, 건조한 브레드가 어우러진 음식으로, 커다란 테이블 위에 흙으로 만든 전통 그릇 안에 차곡차곡 쌓여있었다. 노동자들은 자신들의 밥그릇을 가져와 그들이 먹고 싶은 것을 원하는 만큼 담아 먹었다. 그들의 그릇은 뜨거운 육수한 국자에 부드럽게 데친 수란을 그 위에 올리는 것으로 마무리되었다. 거의 모든 음식들과 잘 어울리는 민속적인 소스, 처몰라(chermoula)는 이 수프를 잘 마무리해준다. 4~6인분.

진한 닭 육수(223쪽) 6컵

병아리콩 GARBANZO BEANS
껍질을 벗겨낸 신선한 병아리 콩 907g 혹은
　　마른 병아리콩 454g
쿠민 씨 1tsp(마른 병아리콩을 사용한다면)
듬성듬성 자른 양파 1개(마른 병아리콩을 사용
　　한다면)
소금 2tsp(마른 병아리콩을 사용한다면)

허리싸 HARISSA
꽈리고추 1개
마른 고추 4개
쿠민 씨 1Tbsp
고수 씨 1Tbsp
다진 마늘 8쪽
소금 1/4tsp
올리브 오일 1/2컵

처몰라 CHERMOULA
곱게 자른 샬롯 2개
레몬 2개분 제스트와 주스
곱게 다진 마늘 2쪽
곱게 다진 신선한 민트 잎사귀들과 줄기 1컵
구워서 으깬 고수 씨 1Tbsp
구워서 으깬 쿠민 씨 3Tbsp
달콤한 맛이 나는 파프리카 1Tbsp
씨를 발라내고 곱게 다진 세라노 칠리 3개
올리브 오일 1/2컵

오래된 베이직 컨트리 브레드 혹은 통밀 브레
　　드 슬라이스 6장으로 만든 크루통(193쪽)
참치 콩피(233쪽) 227~340g 혹은 올리브 오일
　　에 재운 참치 170g짜리 캔 2개의 기름을 모
　　두 제거한 것
소금 1/2tsp
달걀 4~6개
가니시용 구워서 빻은 쿠민 씨 3Tbsp (선택
　　사항)

설명대로 육수를 준비하고, 원한다면 닭발은 생략한다.

만약 신선한 병아리콩을 이용한다면, 소스 팬에 물 2L를 붓고 끓인다. 병아리콩을 넣고 2분 동안 삶는다. 체에 걸러 물기를 제거한다. 마른 병아리콩을 사용할 경우에는 병아리콩, 쿠민 씨, 양파와

소금을 소스 팬에 넣고 물 2L를 붓는다. 재료들이 한 번 끓으면 불을 줄여 계속 끓이는데, 부분적으로 팬을 덮은 상태로 콩들이 완전히 부드러워질 때까지 약 2~3시간 정도 삶아야 한다. 불에서 팬을 내려놓은 뒤, 물은 버리지 말고 냄비에 콩들을 그대로 둔다.

허리싸를 만들려면, 먼저 오븐을 약 섭씨 246도로 예열한다. 베이킹 시트에 꽈리고추를 놓고 고추의 껍질이 타서 쉽게 부스러지도록 20~25분가량 굽는다. 뜨거운 고추들을 종이봉지에 넣고 약 8분 동안 담아두면, 고추에 습기가 올라오고 껍질이 흐물흐물해진다. 고추가 손으로 만질 수 있을 정도로 충분히 식으면, 까맣게 탄 고추 껍질을 벗겨내고 줄기와 씨를 제거한 다음, 듬성듬성 자른다. 작은 스튜용 냄비를 센 불에 달군다. 마른 고추를 넣고 스패출러로 눌러가며 3~5분 정도 굽는다. 고추를 뒤집어 다른 면도 3~5분 정도 누르면서 똑같이 굽는다. 구운 고추를 막자사발로 옮긴다. 고추들이 완전히 식으면 부서지기 쉬운 상태가 될 것이다. 좀 전에 이용한 냄비를 다시 중간 불에 달군다. 볶은 씨에서 진한 향이 날 때까지 쿠민, 회향, 고수 씨들을 뜨거운 팬에서 저어가며 6~8분가량 볶는다. 막자사발에 볶은 씨들을 넣는다. 막대로 재료들이 가루 상태가 되도록 곱게 빻는다. 썰어 놓은 꽈리고추, 다진 마늘, 소금을 첨가해서 진한 페이스트가 되도록 눌러가며 갈아준다. 같은 냄비에 올리브 오일을 두르고 약간 센 불에서 연기가 타오르기 직전까지 달군다. 불을 끈 다음 조심스럽게 마늘 양념 페이스트를 팬에 넣고(기포가 생기면서 탁탁 타오르는 소리가 들릴 것이다.) 나무 주걱으로 부드럽게 페이스트를 흔들어가며 골고루 혼합되도록 저어준다. 허리싸가 식도록 내버려두었다가 그릇에 옮긴다.

처몰라를 만들기 위해, 푸드 프로세서에 모든 재료들을 넣고 거친 페이스트 상태가 되도록 돌린다.

내놓기 바로 전에, 소스 팬에 육수를 붓고 약간 센 불에서 데운다. 필요하다면 병아리콩의 물기를 뺀다. 테이블에 낼 그릇에 크루통, 병아리콩, 처몰라, 참치를 각각 담아놓는다.

소스 팬에 물 2L를 붓고 끓인다. 소금 1/2tsp을 첨가하고 나서 불을 낮춘다. 노른자가 깨지지 않도록 조심하며 작은 그릇에 달걀을 모두 깨뜨려 넣는다. 달걀이 담긴 볼을 잡고 끓는 물이 담긴 소스 팬 쪽으로 기울인 후, 달걀을 물속으로 미끄러뜨리듯이 넣는다. 달걀이 액체 표면에 뜰 때까지는 2분이 채 걸리지 않을 것이다. 구멍이 송송 난 슬로티드 스푼을 이용해서, 끓는 물에 떠있는 달걀들을 조심스럽게 꺼낸다.

완성 볼에 육수를 국자로 떠서 담는다. 수란을 각 볼에 올려놓고 허리싸 한 스푼을 위에 뿌린 다음 가니시를 올린다. 구운 쿠민으로 간을 맞춰 내놓는다.

인볼티니INVOLTINI

'감싸거나 묶는'이란 의미의 단어에서 파생된 인볼티니(involtini)는 종종 브레드 크림을 포함한 속재료, 필링을 고기, 생선, 또는 야채로 감싸는 준비 요리이다. 레시피에 따라 둘둘 말린 롤은 차갑게 혹은 우리가 여기에 소개하는 것처럼 소스와 함께 오븐에 구워 따뜻한 상태로 내놓는다. 오래된 브레드 활용과 관련해, 이태리 남부 지방에서는 그들의 종교적인 전통이 어떤 빵도 낭비하지 말라고 조언하고 있다. 이는 브레드가 만들어지기까지 들어간 많은 노력과 수고를 존경한다는 의미이다. 4~6인분.

토마토 소스TOMATO SAUCE
곱게 썬 양파 1개
껍질 벗기고 곱게 썬 당근 1개
올리브 오일 3Tbsp
토마토 페이스트 85g짜리 캔 1개
곱게 다진 마늘 3쪽
홍고추 플레이크 1tsp
토마토 덩어리가 살아있는 454g짜리 캔 1개
레드 와인 비니거
소금

충전물STUFFING
오래된 베이직 컨트리 브레드, 통호밀 브레드
　　혹은 세몰리나 브레드를 자른 4장으로 만든
　　브레드 크림(193쪽)
우유로 만든 리코타 치즈 2컵
강판에 곱게 간 레몬 1개분 제스트와 주스
신선한 타임 잎사귀들 1tsp
소금 1/4tsp

중간 크기의 가지 2개 혹은 3개
소금
올리브 오일
헤비 크림 1컵
곱게 간 아지아고 치즈(Agiago cheese) 1/2컵

토마토 소스를 만들기 위해, 속이 깊은 스튜용 냄비를 살짝 센 불에서 달군다. 양파, 당근, 올리브 오일 2Tbsp을 두르고, 야채들이 부드러워질 때까지 약 10분 동안 볶는다. 남아있는 올리브 오일 1Tbsp과 토마토 페이스트를 추가한 다음, 페이스트가 깊고 진하게 녹슨 빛깔이 될 때까지 가끔씩 저어가며 6~8분 정도 끓인다. 마늘과 홍고추 플레이크를 넣어 저어주고, 2분 동안 조리한다. 토마토가 통째로 들어있는 토마토 캔을 따서 팬에 붓고 센 불에서 펄펄 끓여 낸다. 불을 조금 낮추고 20분 동안 약하게 계속 끓이는데, 이때 나무 주걱을 사용해 토마토를 덩어리 크기로 으깨야 한다. 비니거와 소금으로 간을 맞춘다.

볼에 브레드 크림, 리코타, 레몬 제스트와 주스, 타임, 소금을 모두 넣고 섞어 충전물을 만든다.

긱 가지의 끝 부분에 있는 잎사투를 살라 성논한다. 만놀린을 이용해서 가지를 세로로 자르는데 두께를 0.6cm로 맞춘다. 총 12개의 슬라이스가 나와야 한다. 자른 가지의 양쪽 면에 소금을 뿌리고 소쿠리에 층층이 담아 1시간가량 그대로 둔다. 가지를 눌러서 수분을 완전히 빼낸 후 키친타월로 가지들을 닦아 말린다. 무거운 소스 팬이나 커다란 스튜용 냄비에 올리브 오일을 2.5cm 정도 올라오도록 넉넉히 두르고 튀김 온도계가 약 섭씨 182도가 될 때까지 달군다. 3장 혹은 4장의 자른 가지들을 뜨거운 기름 위에 넣고 색이 변할 때까지 3~4분 동안 튀긴다. 집게를 이용하여 가지들을 팬에서 꺼낸 다음 소쿠리에 담아 기름기를 빼낸다. 남은 가지들도 마찬가지로 조리한다.

오븐을 약 섭씨 218도로 예열한다. 토마토 소스를 중간 크기의 베이킹 접시에 붓는다. 각 가지 슬라이스의 한쪽 끝 부분에 충전물 한 스푼을 올린다. 충전물이 빠지지 않도록 둘둘 말아 이음매 부분이 접시 바닥에 놓이도록 한다. 크림 한 스푼을 가지 롤에 넉넉히 뿌리면서 촉촉하게 만든다. 소스 가장자리 색이 짙어지고 가지 롤들이 보기 좋을 정도로 캐러맬처럼 될 때까지, 20~25분가량 굽는다. 내놓기 전, 아지아고 치즈를 가니시로 뿌린다.

세이보리 브레드 푸딩 SAVORY BREAD PUDDING

세이보리 푸딩은 수플레를 좋아하는 사람들이 원하는 특징을 모두 갖고 있으며, 수플레처럼 오븐에서 부풀어 오르지만 수플레와 달리 실패하기 어려울 만큼 아주 쉽게 만들 수 있다. 원한다면 하루 전에 미리 만들어 냉장 보관했다가 오븐에 다시 굽기 전에 실온에 꺼내두면 된다. 푸딩을 내놓기 1시간 전쯤 오븐에서 굽는다. 버섯의 경우, 우리는 살구 버섯과 야생 식용버섯인 포르치니를 섞어서 사용한다. 4~6인분.

무염 버터 1Tbsp

하얀 부분만 이용해서 곱게 썬 대파 2개

드라이 레드 와인 1/2컵

올리브 오일

줄기를 자르고 윗부분을 반 가른 여러 가지 버
섯 907g

잎사귀들을 모두 떼어낸 트레비소(Treviso) 혹
은 다른 적색 치커리 1통

커스터드 CUSTARD

큰 달걀 5개

소금 1/2tsp

헤비 크림 1컵

우유 1컵

신선하게 간 후추 1/4tsp

신선하게 간 넛멕 1/4tsp

신선한 타임 잎사귀들 2tsp

강판에 간 그뤼에르 혹은 체다 치즈 2/3컵

자른 훈제 햄 85g

오래된 베이직 컨트리 브레드(47쪽)를 자른
2장을 크게크게 찢은 것

강판에 간 그뤼에르 혹은 체다 치즈 1/2컵

중간 불에 올린 스튜용 냄비에 버터를 녹인다. 손질한 대파를 넣고 부드러워질 때까지 약 6~8분 동안 볶아 소테 상태로 만든다. 와인을 뿌리고 와인이 거의 증발할 때까지 5분가량 가끔씩 저어가며 졸인다. 불에서 팬을 내려놓는다.

크고 묵직한 스튜용 냄비를 센 불에 올려 달군다. 팬 바닥을 덮을 정도로 올리브 오일을 충분히 두른다. 오일이 연기를 내며 뜨거운 열기를 내뿜으면 버섯의 자른 단면이 팬의 바닥에 닿도록 넣고, 버섯이 연해지면서 캐러멜화 될 때까지 건드리지 말고 그대로 약 1분 동안 조리한다. 이제 버섯을 섞다가 치커리를 넣고 익을 때까지 약 1분 동안 살짝 조리한다. 입맛에 맞도록 간을 한다. 불에서 팬을 내려놓는다.

오븐을 약 섭씨 191도로 예열한다.

커스터드를 만들기 위해 볼에 달걀과 소금을 넣고 거품기로 잘 저어 섞는다. 크림, 우유, 후추, 넛맥, 타임, 치즈, 햄을 넣고 재료들이 모두 섞이도록 거품기로 다시 저어준다.

지름이 약 20cm가 되는 수플레 그릇에 브레드 조각을 먼저 담고 대파와 버섯, 치커리를 볶은 재료들을 추가한다. 수플레 가장자리까지 올라오도록 커스터드를 부어준다. 치즈도 균일하게 위에 뿌린다. 커스터드 액체가 브레드를 흠뻑 적실 때까지 8~10분 정도 그대로 놓아둔다.

커스터드로 채워진 수플레 그릇의 중앙 부분이 흔들어도 더 이상 출렁거리지 않을 때까지, 50분가량 굽는다. 내놓기 전에 15분 동안 푸딩을 내버려두어 잔열로 안정화 한다.

버거BURGER

이 세상에는 맛있는 버거들이 셀 수 없을 만큼 많지만 최고의 버거들은 버거 번을 깊이 고려한 것들이다. 버거는 초원에서 자란 건강한 소에서 얻은 고기, 버거를 안정적으로 감싸주는 신선한 브리오슈 번, 이것들과 함께 어울리는 다양한 토핑 등 우리가 좋아하는 많은 재료들을 포함한다. 토마토 잼(tomato jam)[11]은 우리에게 익숙한 달짝지근하고 시큼한 맛의 균형을 잡아준다. 허브를 첨가해서 만드는 리본 모양의 프렌치프라이는 버거와 가장 잘 어울리는 조합이다. 여러분이 고기를 굽는 동안, 감자 튀김을 해줄 수 있는 사람의 도움을 받는 게 좋다. 버거 번과 캐러멜 상태의 양파, 토마토 잼을 3일 정도 미리 만들어놓을 수 있다. 6인분.

브리오슈 번BRIOCHE BUNS
각 무게가 약 115g인 브리오슈 반죽(144쪽)
  6개
큰 달걀노른자 2개와 헤비 크림 1Tbsp을 거품
  기로 섞은 것
파피씨드 2Tbsp
참깨 1tsp

캐러멜 상태의 양파CARAMELIZED ONIONS
무염 버터 2Tbsp
0.6cm 두께로 자른 적양파 2개
소금 1/2tsp
셰리 비니거 1Tbsp

체리 토마토 잼CHERRY TOMATO JAM
소금에 절여 말린 스패니시 초리조(chorizo)
  170g을 곱게 썬 것
곱게 다진 샬롯 1개
체리 토마토 454g
신선한 마조람 잎사귀들 1tsp

신선한 타임 잎사귀들 1tsp
따뜻한 물에 5분 정도 담근 다음 물기를 빼내
  고 듬성듬성 자른 말린 커런트 1/2컵
셰리 비니거 2tsp
꼭꼭 눌러 담은 갈색 설탕 1/2tsp
소금 1/4tsp

퀵 아이올리QUICK AIOLI
마요네즈 1컵
엑스트라 버진 올리브 오일 3Tbsp
빻은 마늘 1쪽
레몬 1개분 제스트와 주스

퀵 피클(QUICK PICKLES)
0.3cm로 자른 잉글리시 오이 1개
소금 2tsp
자른 신선한 딜(dill) 3Tbsp
라이스 와인 비니거 1컵
물 1/2컵

---

11 케첩은 보통 나라마다 다른 이름으로 부른다. 호주의 토마토 페이스트가 대표적인데, 이 레시피에 나오는 토마토 잼은 일반적으로 버거에 뿌리는 케첩과도 같다.

감자 튀김 FRIED POTATOES

껍질을 벗기지 않은 적갈색 혹은 케네벡
  (Kennebec) 감자 907g
올리브 오일 혹은 피넛 오일 4컵
소금과 신선하게 간 후추
신선한 세이지(sage) 잎사귀들 1컵
신선한 마조람 잎사귀들 1/2컵

소고기 패디(BEEF PATTIES)

최소 20%의 지방을 함유한, 방목해서 키운 소
  의 고기 1.1kg
소금 1 1/2tsp
신선하게 으깬 후추 1/2tsp
자른 콩테 치즈(Comté cheese) 227g
부드러운 무염 버터

껍질을 벗기고 씨를 발라낸 다음 자른 아보카
  도 2개
리틀 잼 혹은 아이스버그 양상추 2통

버거 번을 만들려면 버거를 내놓기 최소 3시간 전에는 시작해야 한다. 무게를 측정한 모든 반죽 덩어리를 번 모양으로 성형한다. 베이킹 시트에 성형한 번들을 15cm 간격의 일렬로 올려놓는다. 번들을 살짝 눌러 평평하게 펴준다. 실온에서 1시간 반~2시간가량 발효되도록 놓아둔다. 오븐을 약 섭씨 232도로 예열한다. 반죽 위에 달걀물을 바르고 파피씨드와 참깨를 섞은 혼합물을 위에 뿌린다. 짙은 갈색이 될 때까지 약 15분 정도 굽는다.

캐러멜 같은 상태의 양파를 만들기 위해, 스튜용 냄비를 중간 불에 올리고 버터를 녹인다. 양파와 소금을 넣고 양파가 부드럽고 투명해질 때까지 가끔씩 저어가며 10~15분 정도 조리한다. 팬 바닥이 갈색으로 변하기 시작할 때까지 양파를 젓지 말고 5분가량 내버려둔다. 이후 갈색으로 변한 팬 바닥에 들러붙은 양파를 나무 주걱으로 긁어가며 저어준다. 양파를 다시 5분가량 휘젓지 말고 갈색으로 변하기 시작할 때까지 조리한 다음, 달라붙은 양파를 다시 한 번 긁어낸다. 양파가 진한 캐러멜 색을 띨 때까지 10~15분 동안 반복한다. 비니거를 첨가하고 나무 주걱으로 바닥에 있는 양파를 긁어내고 저어가며 다시 몇 분 더 졸인다. 캐러멜 같은 상태의 양파를 볼에 옮겨 담아 식힌다.

토마토 잼의 경우, 양파를 요리할 때 쓴 스튜용 냄비 위에 초리조를 평평하게 배열하고 센 불에서 달군다. 초리조에서 지방이 나올 때까지 5분가량 조리한다. 샬롯을 넣고 부드러워질 때까지 3~5분가량 조리한다. 체리 토마토를 첨가한 뒤, 팬 위에서 과육이 터지고 토마토 액체가 나올 때까지 가끔씩 저어가며 익힌다. 중간 불로 낮추고 마조람, 타임, 커런트를 넣고 재료들을 자주 섞어주면서 흘러나온 액체가 증발하고 토마토 잼이 찐득해질 때까지 약 15분 정도 졸인다. 잼이 완성되기 전에 비니거, 갈색 설탕, 소금을 넣고 골고루 저어준다. 볼에 옮겨 담는다.

아이올리는 볼에 마요네즈, 올리브 오일, 마늘, 레몬주스와 제스트를 한꺼번에 넣고 뒤섞는다. 비닐 랩을 씌운 다음 내놓기 전까지 냉장고에 보관한다.

피클을 만들기 위해서는 볼에 오이 슬라이스, 소금과 딜을 넣어 잘 섞이도록 굴린다. 비니거와 물을 첨가한다. 내놓기 전까지 한쪽에 놓아둔다.

감자 튀김을 만들려면, 먼저 1시간쯤 전에 다용도 칼이나 폭이 넓은 야채 필러를 이용해서 감자를

두께 0.3cm 정도로 투명하도록 얇게 세로 방향으로 썬다. 자른 조각을 쌓아서 1.3cm 두께로 채썬다. 찬 물이 담긴 볼에 손질한 감자들을 넣고 최소 15분에서 1시간가량 감자들을 푹 담근다.

소고기 패티를 만들려면, 버거를 내놓기 30분 전에는 숯불 그릴을 준비해야 한다. 볼에 다진 소고기를 넣고 소금과 후추가 고기에 스며들도록 손으로 섞어준다. 고기 패티는 그릴에서 익는 동안 부피가 줄어들기 때문에 패티를 버거 번의 지름보다 1.3~2.5cm가량 크게 만든다. 패티 양쪽 면에 소금을 약간 뿌린다. 패티를 3분 또는 원하는 식감이 나올 때까지 그릴 위에서 굽는다. 패티를 뒤집고 치즈 슬라이스와 캐러멜 상태의 양파를 적당히 올린 다음, 치즈가 녹아내리고 버거의 다른 면이 구워질 때까지 약 3분간 그릴 위에서 굽는다. 접시로 옮긴 후, 2분 동안 그대로 둔다.

번을 반으로 잘라 부드러운 버터를 양쪽 면에 골고루 펴 발라준다. 버터 바른 면이 그릴 위에 놓이게 하고 번이 짙은 갈색을 띨 때까지 약 2분간 굽는다.

바닥이 깊고 무거운 냄비 혹은 전기로 튀기는 프라이 기계에 오일을 넣고 튀김용 온도계가 약 섭씨 191도를 가리킬 때까지 온도를 높인다. 접시에 키친타월을 깔고 스토브나 프라이 기계 옆에 놓아둔다. 감자는 한 손으로 집을 수 있는 양만큼씩 한 번에 튀겨내는데, 튀기기 전에 감자의 물기는 가능한 많이 제거한다. 오일에 감자를 넣자마자 기름의 높이가 빠르게 올라가므로 조심해야 한다. 감자가 노릇노릇해질 때까지 부드럽게 저어가며 약 3분 동안 튀긴다. 체로 감자를 키친타월에 옮긴다. 소금과 후추로 간을 맞춘다. 남아있는 감자도 마찬가지로 튀겨내는데, 기름의 온도가 약 섭씨 191도에서 떨어지지 않도록 주의한다. 감자 튀김이 모두 완성되면 세이지와 마조람 잎사귀들을 뜨거운 기름에 넣어 바삭바삭해질 때까지 약 10초간 튀겨낸다. 허브들을 건지고 튀긴 감자에 뿌려 재료들이 고루 섞이도록 굴린다.

패티가 담긴 접시와 그릴에 구운 번을 작업대로 옮기고 토마토 잼과 아이올리, 아보카도, 양상추도 함께 가져온다. 감자 튀김을 버거 옆에 두고 여러분이 좋아하는 방식대로 버거를 만든다.

<h2 style="text-align:center">베이커의 푸아 BAKER'S FOIE</h2>

다니엘 콜린의 블랑제리 아티장은 아주 오래된 돌로 지은 빌딩에 있었다. 1층은 페이스트리 키친을 비롯해 브레드 작업장, 거대한 나무 화덕 오븐, 오븐에서 구운 모든 음식을 파는 숍으로 이루어져 있다. 신선한 파테와 잼이 든 유리병들은 언제나 오븐 옆에 있는 작은 선반에 놓여있었다. 우리는 오븐에서 갓 구워져 나온 브레드 위에 이것들을 발라 간식으로 먹곤 했다.

나는 전통적인 방법으로 만드는 파테에 신경을 쓸 만큼의 시간적 여유가 거의 없다. 결국 우리는 전통적인 파테에 대한 갈망을 만족시키면서 빨리 만들 수 있고 맛있는 레시피를 연구해냈다. 이 레시피대로 만드는 파테는 실제보다 더 많은 시간을 투자하고 더 많은 소스를 넣은 것처럼 아주 맛이 좋다. 그 비밀의 열쇠는 바로 버터와 간을 갈아 혼합하기 전에 버터는 실온에서, 간은 차갑게 보관해두는 것이다. 파테를 냉장고에 넣기 전에 꼬냑이 스며든 버터를 올려준다. 4~6인분.

오리 혹은 닭의 간 6개
올리브 오일
곱게 다진 샬롯 3개
신선한 타임 잎사귀들 1Tbsp
실온에 둔 무염 버터 6Tbsp
꼬냑 1/2컵
소금 1/2tsp

꼬냑 버터 COGNAC BUTTER
실온에 둔 무염 버터 3Tbsp
꼬냑 1Tbsp
소금 약간

베이직 컨트리 브레드(47쪽) 혹은 통밀 브레드 (114쪽)의 슬라이스 3장을 구운 것

간을 차가운 물에 헹군 다음 눈에 보이는 지방이나 결합 조직들을 제거한다. 무거운 스튜용 냄비를 센 불에 놓고 바닥이 덮일 만큼 올리브 오일을 충분히 두른다. 오일에서 연기가 나기 시작할 무렵 조심스럽게 간을 넣고 약 30초 동안 재빨리 구워낸다. 간을 재빨리 뒤집고, 샬롯을 넣어 다시 30초간 조리한다. 타임을 추가하고 타임 특유의 향이 날 때까지 몇 초 동안 굽는다. 팬을 불에서 내려놓고, 남은 기름과 지방을 제거한다. 팬이 여전히 뜨거운 상태에서 버터 2Tbsp과 꼬냑 1/4컵을 넣고 녹인 다음, 냄비 바닥에 붙어있는 갈색 잔여물들을 나무 주걱으로 긁어가며 떼어낸다. 팬에 담긴 재료들을 모두 푸드 프로세서로 옮기고 그 상태로 8~10분 동안 식힌다.

간이 식으면, 남아있는 4Tbsp의 버터를 푸드 프로세서에 넣고 걸쭉한 퓨레 상태가 되도록 돌린다. 소금과 남아있는 1/4컵의 꼬냑을 첨가하고 다시 프로세서를 돌린다. 필요하다면 소금을 추가해서 간을 맞춘다. 간 퓨레를 램킨(ramekin)[12]이나 적당한 사이즈의 로프 또는 파테 팬에 붓는다.

꼬냑 버터를 만들려면, 작은 그릇에 버터를 넣는다. 작은 소스 팬에서 꼬냑을 만지면 뜨거울 정도로 데운다. 이를 버터에 넣고 소금을 추가한다. 버터가 액체 상태가 될 때까지 저어준 다음, 파테 위에 골고루 뿌린다. 꼬냑 버터가 굳을 때까지 비닐 랩을 씌우고 냉장고에 넣어둔다. 구운 브레드와 함께, 차갑게 혹은 실온으로 온도를 맞춘 다음 내놓는다.

---

12 둘레에 홈이 파인 원통형 모양의 오븐용 용기. 완성 접시에 따로 담지 않고 그대로 내놓는 퐁당 쇼콜라나 푸딩, 크렘 브릴레 같은 베이킹이나 다른 세이보리 요리에 자주 쓰인다.

포르케타PORCHETTA

포르케타(porchetta)는 돼지 목살 요리의 왕도이다. 고기에 육즙을 중간중간 끼얹으면서 낮은 온도에서 8시간 이상 구워내야 하기 때문에, 주방은 이 절묘한 음식 냄새로 진동한다. 따라서 이 요리를 내려는 전날 밤에 준비하는 것이 최선이다. 이렇게 하면 다음 날 아침 오븐에서 꺼내어, 완성된 고기를 썰어서 달걀과 토스트와 함께 아침 식사로 먹을 수 있다. 폴렌타와 같이 포르케타를 내고, 남은 고기들은 반미(241쪽) 샌드위치를 만들 때 이용한다. 4~6인분.

뼈를 발라낸 돼지 목살 2.3kg
소금 1/2tsp

충전물STUFFING
줄기를 제거한 평평한 잎사귀의 파슬리 1다발
신선한 세이지 잎사귀들 12개
신선한 로즈메리 잎사귀들 1Tbsp
신선한 타임 잎사귀들 2Tbsp
다진 회향의 윗부분 1컵
홍고추 플레이크 1/4tsp

회향 씨 1Tbsp
마늘 5쪽
소금 2tsp
오래된 베이직 컨트리 브레드(47쪽)를 2.5cm
　두께로 자른 4장을 작게 찢은 것
올리브 오일 3Tbsp

올리브 오일

정육점에서 돼지 목살을 구입할 때 나비가 날개를 펼친 것처럼 보이고 두께가 2.5cm 정도로 일정하게 잘라달라고 부탁한다. 대략 23~36cm의 길쭉한 고기 한 겹을 갖게 될 것이다. 돼지 목살을 도마 위에 평평하게 놓는다. 소금 1tsp으로 간을 한다.

오븐을 약 섭씨 104도로 예열한다.

충전물을 만들기 위해 푸드 프로세서에 파슬리, 세이지, 로즈메리, 타임, 회향 윗부분, 홍고추 플레이크, 회향 씨, 마늘과 소금을 모두 혼합해서 재료들이 다져지도록 돌린다. 브레드와 올리브 오일을 추가해서 잘 섞이도록 다시 돌린다.

고기 표면에 충전물을 균일한 두께로 펴 바른다. 한쪽 면에서 시작해 고기를 단단하게 만 다음 고기를 묶을 때 사용하는 노끈으로 단단히 고정한다.

알루미늄 호일을 넉넉히 잘라 준비하고 그 위에 돼지 목살 만 것을 올린다. 호일의 양쪽 면과 고기 가장자리를 잘 접어 올린 다음, 내용물이 보이지 않도록 둘둘 만다. 이렇게 하면 오븐에서 고기가 구워지는 동안 수분과 지방을 잡아두는 데 도움이 된다. 호일로 감싼 고기를 베이킹 시트에 놓고 고기가 아주 부드러워질 때까지 8~10시간가량 굽는다.

알루미늄 호일에 말아둔 채로 고기를 그대로 두어 식힌다. 식은 다음 고기가 단단해지고 모양이 잡히도록 최소 2시간가량 냉장고에 놓아둔다.

호일을 제거하고 노끈을 자른다. 구운 고기를 약 2.5cm의 두께로 둥글게 썬다. 묵직한 스튜용 냄비를 중간 불에서 달군다. 냄비가 뜨거워지면 팬 바닥에 올리브 오일을 충분히 두르고, 고기들이 팬에 꽉 차도록 빼곡히 펼쳐놓는다. 고기들이 갈색으로 변할 때까지 3~5분가량 굽는다. 고기를 뒤집어 다른 면 역시 갈색이 되고 열기가 고기 전체에 골고루 퍼질 때까지 2~4분간 조리한다.

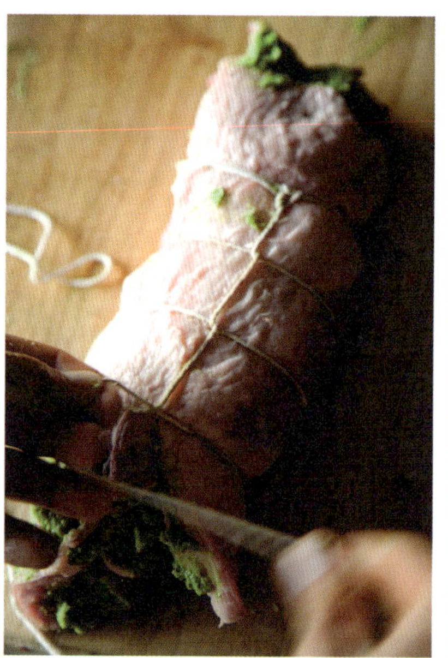
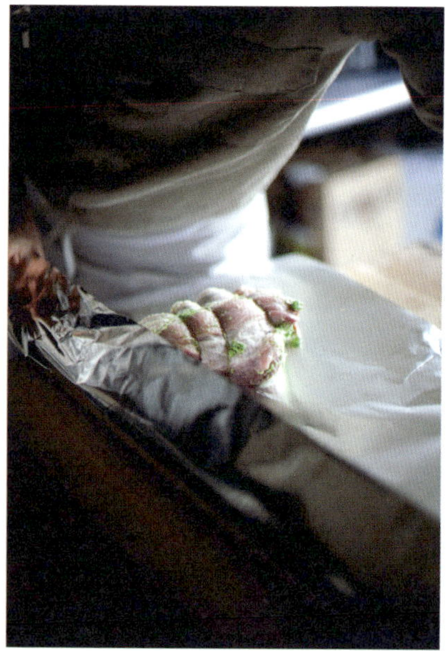

타르틴 베이커리 프렌치토스트TARTINE BAKED FRENCH TOAST

타르틴 베이커리만의 이상적인 프렌치토스트를 고민했을 때, 우리는 두툼한 브레드를 커스터드에 적셔 오븐에 구워낸 푸짐한 이미지를 상상했다. 브레드 위는 크렘 브릴레(crème brulée)처럼 바삭바삭하고 색이 진한 캐러멜처럼 보일 것이다. 레시피는 다른 브레드 푸딩과 겹치긴 해도, 결과물은 누가 봐도 틀림없는 프렌치토스트이다. 브레드는 최소 한 시간 전에는 커스터드 베이스에 담가두어야 하는데, 각 장당 한 컵 이상의 액체를 흡수한다. 커다란 브레드 2장이라면 표준형 주철 냄비에 딱 들어맞는데, 더 많은 토스트를 만들고 싶다면 커스터드 베이스를 두 배 혹은 세 배로 늘려 구우면 된다. 가을과 겨울에 우리는 잘 익은 감을 토스트 위에 펴 바른 뒤 베이컨, 메이플 시럽과 함께 먹곤 한다. 기름에 뭉근히 볶아낸 사과 혹은 배로 대신해도 괜찮다. 2인분.

커스터드 베이스CUSTARD BASE
달걀 3개
설탕 3Tbsp
강판에 곱게 간 레몬 1개분 제스트
바닐라 추출액
소금 1/4tsp
우유 1컵
오래된 베이직 컨트리 브레드(47쪽)를 3.8cm
  두께로 자른 것 2장
무염 버터 2Tbsp

메이플 코팅 베이컨MAPLE-GALZED BACON
두껍게 자른 베이컨 4줄
메이플 시럽 1Tbsp

아주 잘 익은 하치야 감(Hachiya persimmon)
  1개

커스터드 베이스를 만들려면 볼에 달걀, 설탕, 레몬 제스트, 바닐라, 소금, 우유를 넣고 재료들이 혼합되도록 잘 저어준다.

커스터드 베이스에 브레드를 담가 흠뻑 젖을 때까지 1시간가량 그대로 놓아둔다.

오븐을 약 섭씨 177도로 예열한다.

스튜용 냄비를 살짝 약한 불에서 달군다. 팬에 버터를 두르고 바닥 전체를 코팅하도록 녹인다. 커스터드 베이스에서 흥건하게 젖은 브레드를 들어올려 팬 위에 놓는다. 브레드의 바닥까지 고루 구워지도록 스패츌러로 가끔 눌러주면서 약 3분 동안 조리한다.

커스터드 베이스를 스푼이나 국자로 더 떠서, 냄비에 있는 브레드 중앙에 붓는다. 만약 액체가 브레드 밖으로 나와 냄비 위로 흘러내리면, 브레드로 바닥을 꼼꼼하게 막지 않은 것이다. 브레드를 스패출러로 살짝 누른 채 1분 동안 익힌다. 브레드들이 커스터드 베이스로 가득 채워졌을 무렵, 냄비를 조심스럽게 오븐의 중간 랙으로 옮긴다. 이때 토스트를 뒤집지 말고 그대로 굽는다.

12~15분 동안 구운 뒤, 팬을 살짝 흔들어준다. 커스터드 베이스가 여전히 액체 상태라면 계속 굽다가 몇 분 뒤에 다시 확인한다. 커스터드를 완전히 익히는 데 20분 정도까지 걸릴 수 있다. 커스터드가 단단해지고, 각 브레드들이 커스터드 수플레처럼 부풀어 오르면 완성이다.

그 사이에 베이컨을 조리하기 위해, 스튜용 냄비를 중간 불에 놓고 달군다. 베이컨을 넣고 가장자리 주변부터 베이컨들이 바삭바삭해지기 시작할 때까지 튀긴다. 팬에 남아있는 지방을 버리고 메이플 시럽을 추가해 베이컨을 코팅해준다. 베이컨을 오븐으로 옮겨서 윤기가 날 때까지 약 5분 동안 더 굽는다.

스패출러로 냄비에 있는 프렌치토스트를 꺼낸다. 냄비에 닿았던 면은 캐러멜 같은 색을 띠고 바삭바삭해야 한다. 캐러멜 같은 면이 위로 향하도록 접시에 놓는다. 잘 익은 말랑말랑한 감을 잘라 프렌치토스트 위에 펼치고 베이컨과 함께 내놓는다.

천연 발효 와플LEAVENED WAFFLES

와플을 만들 때 풀리시와 어린 르뱅을 이용하면 강한 시큼함이 없어지고 대신 발효 과정에서 나오는 특색 있는 깊은 맛을 얻게 된다. 한편 글루텐 함량이 낮은 밀가루와 콘스타치(cornstarch)[13] 혼합물은 부드럽고 바삭바삭한 질감의 와플을 만들어낸다. 만약 이른 아침에 반죽을 만들어놓으면, 브런치 시간까지는 구울 준비가 될 것이다. 아니면 잠자리에 들기 전에 반죽을 만들어 비닐 랩을 씌운 후 그다음 날 아침까지 냉장고에 보관할 수 있는데, 와플을 만들기 바로 전에 달걀흰자를 치댄 다음 이를 전날 밤에 만든 반죽에 넣어 스패출러로 두 종류의 반죽을 접어주듯 섞는다. 4~6인분.

르뱅(49쪽) 4컵

풀리시(128쪽) 2Tbsp

우유 2컵

다목적용 밀가루 1 1/4컵

박력분 1 1/4컵

콘스타치 2/3컵

설탕 7Tbsp

소금 1Tbsp

녹인 무염 버터 1/2컵, 추가로 브러싱용 약간

흰자와 노른자를 분리해놓은 달걀 6개

바닐라 추출액 3Tbsp

커다란 볼에 르뱅과 풀리시를 넣는다. 약한 불에 올린 소스 팬에 우유를 따르고 따뜻해질 때까지만 가볍게 데운다. 르뱅과 풀리시에 우유를 붓고 혼합되도록 저어준다.

볼에 체를 놓고 밀가루와 콘스타치를 흔들어 내린다. 설탕 5Tbsp과 소금을 넣고 섞는다. 녹인 버터 반 컵과 달걀노른자들을 우유와 르뱅, 풀리시 혼합물에 첨가한다. 가루 재료들을 천천히 넣어가며 액체 혼합물과 잘 섞이도록 저어준다. 비닐 랩을 씌운 후, 따뜻한 장소(약 섭씨 27~29도)에서 발효를 위해 약 3~5시간 동안 놓아둔다. 반죽을 더 오래 발효시킬수록 와플의 향기는 더욱 강해질 것이다.

와플을 만들기 바로 직전, 볼에 남아있는 2Tbsp의 설탕을 달걀흰자에 넣고 휘저어 단단해지면 거품기로 들어 올려 어느 정도 뾰족한 모양이 나올 때까지 치댄다. 바닐라를 반죽에 추가해서 저어준 다음, 흰자 거품에 넣고 부드럽게 섞는다.

주철 팬으로 만든 와플 기계나 메이커를 예열하고 녹인 버터를 와플 틀에 바른다. 반죽을 국자로 떠서 와플 팬에 부은 다음, 반죽이 짙은 갈색을 띠고 바삭바삭해질 때까지 3~5분가량 굽는다.

---

13 옥수수 전분으로, 주로 제과에 쓰인다.

트러블 아포가토TROULBE AFFOGATO

'트러블 커피(Trouble Coffee)'는 에릭과 내가 한 해의 대부분을 서핑하며 보냈던 오션 비치에서 몇 블록 떨어진 46에비뉴와 유다에 있는 카페였다. 차가운 새벽의 서핑 시간이 끝나면, 우리는 고갈된 에너지 복구를 위해 그 집에 갔는데, 그곳에는 뜨거운 커피와 두툼한 시나몬 토스트, 어린 코코넛에 빨대와 스푼을 꽂아 내는 탁월한 조합이 있었다.

'물에 빠진'이란 의미를 가진 이태리 어원의 아포가토(affogato)는 젤라또 혹은 동그랗게 떠서 올린 아이스크림 덩어리 위에 에스프레소를 뿌리는 것을 말한다. 좋아하는 디저트 중 하나로 내가 고안한 이 아포가토는 '트러블'의 메뉴에 영감을 받은 것이다. 바삭바삭한 브레드 크럼은 주변에서 보기 힘든 크림 같은 코코넛 아이스크림과는 상반된 질감과 맛이 난다. 타르틴에서 사용하는 에스프레소는 베이커리에서 몇 블록 떨어져있는 아주 친한 이웃 카페인 '포 배럴(Four Barrel)'에서 사온 것이다. 4~6인분.

코코넛 아이스크림COCONUT ICE CREAM
잘게 깎아낸 달지 않은 코코넛 1 1/4 컵
헤비 크림 4컵
우유 2컵
어리고 신선한 코코넛 2개
큰 달걀노른자 9개
설탕 1 1/3컵
다크 럼 1Tbsp
소금 1tsp

시나몬 버터 브레드 크럼CINNAMON-BROWNED BUTTER BREAD CRUMBS
오래된 베이직 컨트리 브레드(47쪽)를 약 2.5cm의 두께로 자른 것 2장
무염 버터 3Tbsp
설탕 1/2컵
빻은 시나몬 1tsp
소금 1/8tsp

염소 우유로 만든 캐러멜 1/2컵
신선하게 내린 '포 배럴' 커피의 뜨거운 에스프레소 4~6샷

아이스크림을 만들기 위해, 오븐을 약 섭씨 149도로 예열한다. 잘게 깎아낸 코코넛을 베이킹 시트에 놓고 엷은 갈색을 띨 때까지 15~20분가량 굽는다.

크림과 우유를 커다란 소스 팬에 넣고 약간 센 불에서 끓인다. 불에서 팬을 내린다. 구운 코코넛에 넣고 잘 저어준다. 코코넛에서 향과 맛이 우러나오도록 그대로 45분간 둔 다음 고운 체로 걸러 코코넛의 고형 물질들을 제거한다. 크림 혼합물을 다시 소스 팬에 따른다.

단단한 껍질을 위에서 아래 방향으로 제거해가며, 각 코코넛의 껍질을 다듬고 손질한다. 전용 칼이

나 커다란 칼 아래의 꺾인 칼날 부분을 이용해 얇고 단단한 껍질을 쪼갠 뒤, 코코넛 뚜껑을 연다. 코코넛 물을 모두 빼낸 다음 다른 용도로 쓸 때를 대비해 잘 놓아둔다. 스푼으로 껍질에서 부드러운 코코넛 과육을 긁어낸다. 듬성듬성 자른다.

볼에 달걀노른자와 설탕을 넣고 거품기로 휘젓는다. 크림 혼합물을 중간 불에서 끓인다. 뜨거운 크림 혼합물 1컵을 달걀노른자에 첨가하면서 거품기로 재빨리 젓는다. 크림 1컵을 더 넣고 다시 휘젓는다. 달걀노른자 혼합물을 소스 팬에 남아있는 크림 혼합물에 넣는다. 약한 불로 줄이고 거품기로 계속 저어주면서 밀도가 살짝 높아질 때까지 6~8분가량 조리한다. 아주 고운 그물 체에 커스터드를 내려 볼에 담는다. 다크 럼, 소금, 듬성듬성 자른 코코넛을 추가해서 모두 혼합한다. 이를 단단히 싼 뒤 냉장고에 밤새 넣어둔다.

브레드 크림을 만들려면, 오븐을 약 섭씨 177도로 예열한다. 베이킹 시트에 파치먼트 페이퍼를 깔거나 달라붙지 않는 실리콘 재질의 라이너를 바닥에 붙인다. 브레드 껍질을 잘라내고 작은 조각들로 찢어놓는다. 스튜용 냄비를 중간 불에 올린 후, 버터를 녹이고 갈색을 띠기 시작할 때까지 기다린다. 팬을 불에서 내리고 브레드와 설탕을 추가해서 재료들이 섞이도록 저어준다. 시나몬과 소금을 넣고 다시 섞는다. 브레드 혼합물을 준비된 시트에 놓고 설탕과 버터가 캐러멜처럼 될 때까지 20~30분가량 굽는다. 오븐에서 베이킹 시트를 꺼낸 뒤 완전히 식힌다. 작은 용기로 옮겨 냉동실에 보관한다.

차가워진 코코넛 혼합물을 아이스크림 메이커에 넣고 작동시킨다. 용기에 옮기고 브레드 크림과 염소 우유 캐러멜을 스패출러로 부드럽게 섞어준 다음, 아이스크림을 볼이나 컵에 떠서 넣고 마지막으로 에스프레소를 위에 뿌려 바로 내놓는다.

보스톡 BOSTOCK

우리가 만드는 보스톡은 오렌지 향을 머금은 시럽에 흠뻑 적신 브리오슈 브레드를 구워서 잼과 아
몬드 크림을 펴 바르고, 아몬드를 잘라 그 위에 뿌린 다음 오븐에서 구워낸 것이다. 이는 프랜지페
인(frangipane) 크루아상과 매우 연관이 깊다. 타르틴에서는 보스톡을 위해 추가적인 브리오슈 반
죽을 더 만들고 있다. 보스톡은 카페라떼 또는 차 한잔과 함께 즐길 수 있는 완벽한 페이스트리이
다. 우리는 다양한 잼을 넣어보기를 좋아해서, 어떤 때는 약간 쓴 맛이 나는 오렌지 마멀레이드를
넣기도 하고, 다른 날에는 더 달콤한 블랙베리나 새콤한 살구를 넣기도 한다.

오렌지 시럽 ORANGE SYRUP

물 1/4컵

설탕 1/4컵

오렌지 블로섬 워터 1tsp

오렌지 주스 1/4컵

강판에 간 오렌지 1개분 제스트

오렌지 리큐어 2Tbsp

아몬드 크림 ALMOND CREAM

아몬드 슬라이스 1 3/4컵

설탕 1/2컵

소금 약간

큰 달걀 2개

무염 버터 1/2컵

브랜디 2Tbsp

브리오슈(144쪽)를 약 1.3cm의 두께로 잘라서
  구운 것 6장
오렌지 마멀레이드, 살구 잼 혹은 베리 잼
  3/4컵
더스팅용 슈거 파우더

오렌지 시럽을 만들기 위해 작은 소스 팬에 물, 설탕, 오렌지 블로섬 워터, 오렌지 주스와 제스트를
혼합한다. 약간 센 불에서 끓임없이 저어주며 끓인다. 약 5분이 지나 설탕이 다 녹았을 때 불에서
팬을 내려놓는다. 오렌지 리큐어를 넣고 혼합한다. 실온에 놓고 그대로 식힌다.

아몬드 크림을 만들려면 아몬드 슬라이스 1컵, 설탕, 소금을 푸드 프로세서에 넣어 고운 가루 상태
가 될 때까지 돌린다. 달걀과 버터를 첨가하고 진득한 페이스트 질감이 될 때까지 다시 돌린다. 볼
에 아몬드 페이스트를 덜어내고 브랜디를 첨가해 골고루 혼합한다. 비닐 랩으로 싼 다음, 최소 1시
간에서 3일까지 냉장고에 넣어둔다.

오븐을 약 섭씨 204도로 예열한다. 구운 브리오슈들을 베이킹 시트에 배열한다. 페이스트리 브러
시로 브레드들이 아주 촉촉해지도록 시럽을 듬뿍 발라 완전히 적신다. 잼을 약 0.3cm 두께로 펴

바르고 아몬드 크림을 0.6cm 두께로 연이어 바른다. 남아있는 3/4컵의 아몬드 슬라이스를 위에 뿌린다. 진한 갈색을 띨 때까지 15~20분 동안 굽는다. 아몬드 크림은 캐러멜처럼 되고 아몬드 슬라이스는 노릇노릇하게 구워질 것이다. 내놓기 전에 슈거 파우더로 더스팅을 한다.

프로세코 와인에 데친 천도복숭아를 곁들인 바바BABAS WITH PROSECCO-POACHED NECTARINES

클래식한 바바는 럼 시럽에 푹 적신 브리오슈로 만든다. 프랑스 제과에서는 사바랭(savarin) 틀에 넣어 링 모양으로 구워낸다. 이태리 제과에서는 머핀 모양의 틀을 이용한다. 오븐에서 구워낸 브리오슈 바바를 하루 전날 미리 만들어 살짝 말려두면, 시럽을 훨씬 더 많이 흡수한다. 여러분이 얼마나 강한 풍미를 원하는지에 따라 럼의 양을 조절할 수 있다. 냉동실에서 꺼낸 브리오슈 반죽을 사용할 예정이라면, 성형하기 전에 30분 동안 그대로 놓아두거나 반죽이 매우 차갑지만 얼어있는 상태는 아니도록 해동한 다음 작업한다. 4인분.

바바BABAS
각 80g의 브리오슈 반죽(144쪽) 4개

설탕에 졸인 피스타치오CANDIED PISTACHIOS
설탕 1컵
소금 1/8tsp
물 1/4컵
생 피스타치오 1컵

데칠 액체와 럼 소커POACHING LIQUID AND RUM SOAKER
750ml 드라이 프로세코 와인 1병
설탕 1컵
세로로 자른 바닐라빈 1개
다크 럼 1컵

리코타 필링RICOTTA FILLING
우유로 만든 리코타 치즈 2컵
말린 커런트 1/2컵
강판에 간 오렌지 1개분 제스트와 주스
바닐라 추출액 1/2tsp
설탕 1/4컵

씨를 제거하고 조각조각 자른 잘 익은 천도복숭아 3개
슈거 파우더

바바를 만들려면 테이블에 내놓기 최소 3시간 전에, 각 브리오슈 반죽을 밀대로 길죽하게 민 다음 양쪽 끝을 연결해 둥그런 왕관 모양으로 만들어야 한다. 이렇게 만든 브리오슈 성형 반죽들을 버터 바른 사바랭이나 링 모양 틀에 올린다. 반죽을 담은 틀을 모두 베이킹 시트에 규칙적으로 배열하고 실온에서 숙성되도록 2시간 동안 그대로 둔다.

오븐을 약 섭씨 191도로 예열한다. 단단히 부풀어 오른 반죽 틀이 담긴 팬을 오븐에 넣는다. 짙은 갈색이 될 때까지 약 20분 동안 굽는다. 바바를 틀에서 빼낸 뒤 식힌다.

설탕에 졸인 피스타치오를 만들기 위해, 우선 베이킹 시트에 파치먼트 페이퍼나 달라붙지 않는 실

리콘 라이너를 붙인다. 작은 소스 팬에 설탕, 소금, 물을 넣고 섞는다. 중간 불에서 끓이는데, 이때 재료들을 저어서는 안 된다. 설탕 온도계가 섭씨 120도를 가리킬 때까지 액체를 끓인다. 설탕 온도계가 없다면 끓어오르는 상태에서 거품들이 가라앉는지, 액체가 살짝 옅은 갈색이 되는지 지켜본다. 소스 팬을 불에서 내려놓고, 피스타치오를 추가하고 재료들이 섞이도록 잘 저어준다. 소스 팬의 내용물을 준비된 베이킹 시트 위에 모두 덜어내고 나무 주걱으로 평평하게 만든다. 만질 수 있을 정도로 식을 때까지 놓아둔다. 설탕이 단단해지고 부서지기 전에 재빨리 피스타치오를 골라내서 다른 접시로 옮긴 다음, 남은 설탕 혼합물을 완전히 식힌다.

데칠 액체와 럼 소커를 만들려면, 소스 팬에 프로세코 와인과 설탕을 넣고 끓인다. 과도의 칼등 부분이나 스푼을 이용하여 반으로 자른 바닐라빈의 씨들을 긁어내고 이를 소스 팬에 넣는다. 씨를 긁어낸 바닐라빈 껍데기도 함께 첨가한다. 불을 줄이고 5분 동안 끓인다. 이렇게 만든 액체의 1컵 분량만 제외하고 볼에 따르는데, 따로 덜어낸 액체는 럼에 섞어 럼 시럽을 만든다. 액체가 식도록 한쪽에 놓아둔다. 남겨둔 액체 1컵을 소스 팬에 따로 담는다.

리코타 필링은 볼에 리코타, 커런트, 오렌지 제스트와 주스, 바닐라, 설탕을 한데 섞어 잘 저어주면 완성된다.

바바를 럼 시럽에 최소 10분 동안 흠뻑 적셔서 완벽하게 수분을 흡수하도록 한다. 보관해둔 액체를 약하게 끓이면서 천도복숭아들을 소스 팬에 넣고 열기가 과일에 모두 스며들 때까지 3~5분가량 액체를 부어가며 데친다. 이때 과일 모양이 부스러지지 않고 유지될 수 있게 주의한다. 바바를 럼 시럽에서 빼낸 뒤 볼에 차곡차곡 옮겨놓는다. 리코타 필링을 스푼으로 떠서 바바 가운데에 올린다. 그 주변을 천도복숭아로 감싸듯이 놓은 다음, 과일을 데친 액체 한 스푼을 떠서 위에 뿌린다. 설탕에 졸인 피스타치오들을 가니시로 올리고, 내놓기 바로 전에 슈거 파우더를 뿌려준다.

섬머 푸딩SUMMER PUDDING

전통적인 영국인들의 준비 요리인 푸딩은 계절과 그 계절에 풍부한 덩굴 베리들이 무엇이냐에 따라 결정되는 간단한 음식이다. 베리가 가득해 묵직하고, 브레드로 푸딩 틀을 두른 틈새로 주스가 자연스럽게 흘러나오는데, 이는 브리오슈 브레드에 결국 모두 흡수된다. 푸딩은 밤새 차가워지기 때문에 파이처럼 조각조각 잘라 낼 수도 있고, 스푼으로 떠먹어도 된다. 라즈베리, 블랙베리, 블루베리, 허클베리와 같은 베리들의 달콤함과 새콤함의 조화는 매우 이상적이다.

라즈베리, 블랙베리, 블루베리, 그리고/혹은
  허클베리 같은 부드러운 여름철 베리 4컵
설탕 2/3컵
브리오슈(144쪽)를 약 0.6cm 두께로 자른 것
  8~10장

가볍게 휘핑한 헤비 크림 1컵
슈거 파우더 1tsp

중간 불에 올린 소스 팬에 준비한 베리와 설탕을 넣고 계속 저어가며 끓인다. 1분 동안 조리하고 불에서 내려놓는다. 중간 크기의 유리 혹은 도자기 재질의 볼이나 4~6개의 수프 그릇, 아니면 컵 등에 브리오슈 슬라이스들을 잘 펴 넣는다. 윗부분을 덮을 수 있는 브리오슈도 충분히 남겨두어야 한다. 베리와 주스를 틀에 붓는다. 내놓을 때 필요한 베리 주스 2Tbsp 역시 따로 보관해놓는다.

보관해두었던 브리오슈로 베리들을 덮는다. 가득 찬 틀에 접시를 얹고 그 위에 무거운 통조림을 올려 그 무게로 밤새도록 눌러 냉장고에 보관한다.

도마나 완성 접시 위에 푸딩 틀을 세워서 빼내거나 볼에 내놓을 만큼 떼어서 올린다. 보관해둔 베리 주스를 두르고 휘핑크림으로 푸딩 위를 장식한다. 슈거 파우더로 더스팅을 한 뒤, 내놓는다.

리즈와 나는 여러분이 주방에서 할 수 있는 가장 만족스러운 프로젝트가 바로 잼을 완벽하게 만들어내는 일임을 잘 알고 있다. 잼은 과일의 풍성한 혜택을 상하지 않게 보존하는 가장 달콤한 방법이다. 잼은 치즈나 고기 요리에 곁들여 먹고, 신선하게 구운 브레드와 토스트 위에 발라 내놓아도 좋은 사이드 메뉴로, 그 용도가 매우 다양하다.

잼을 적절하게 만들기 위해서는 3가지 재료가 필요하다. 펙틴, 설탕, 산이다. 과일은 자연적으로 펙틴을 함유하고 있는데, 이는 젤을 만드는 촉매제와 같은 것으로 과일의 종류마다 함량이 다르다. 반드시 잘 익은 과일을 선택해야 하지만, 25% 정도 살짝 덜 익은 과일에 더 많은 펙틴이 들어있다는 사실을 기억하자. 설탕은 펙틴을 활성화시키고 잼을 달콤하게 만들며, 박테리아의 번식을 늦추는 산성 환경을 제공해준다. 여러분은 백설탕이나 유기농 설탕을 이용할 수 있다. 덜 정제되어 색이 더 짙은 유기농 설탕은 일반적인 백설탕으로 만든 잼과는 분명 맛이 다를 것이다. 전통적인 레시피는 설탕과 과일의 비율을 1대 1로 둔다. 이것은 더 많은 시럽과 더 적은 과육의 달콤한 잼을 만들어낸다. 이 책에서 소개하는 레시피는 설탕의 양이 상대적으로 적은데, 더 밀도 높은 식감의 잼을 만들기 위한 것이다. 산성 조건은 레몬 주스로 맞춘다.

만약 펙틴 함량이 낮은 과일로 잼을 만든다면, 펙틴 함량이 높은 과일과 섞어서 쓸 수도 있다. 또는 펙틴을 증가시키는 역할을 하는 사과를 넣어도 된다. 펙틴 함량이 낮은 과일 500g당 껍질을 벗기지 않은 커다란 사과 1개를 이용한다. 사과 속까지 모두 포함해서 사과를 약 2.3cm의 조각으로 잘라서 치즈클로스에 올려놓고, 주방용 끈으로 단단히 묶는다. 사과를 과일과 함께 졸이고, 국자로 잼을 떠서 병으로 옮기기 전에 치즈클로스를 제거하면 된다.

잼은 섭씨 105도가 될 때까지 졸여야 한다. 305m씩 고도가 올라갈 때마다 온도는 2도씩 내려가므로, 여러분의 주방이 해수면보다 약 610m 위에 있다면 잼은 약 섭씨 103도가 될 때까지 졸여야 할 것이다.

펙틴 함량이 높은 과일들HIGH-PECTIN FRUITS

사과

베리 종류: 보이즌베리, 구스베리, 로건베리, 라즈베리

시트러스 종류: 오렌지, 귤, 자몽, 레몬, 라임, 금귤

콩코드 포도

모과

펙딘 함량이 낮은 과일들Low-Pectin Fruits

베리 종류: 블루베리, 딸기

무화과

이탈리안 자두

배

단단한 씨가 있는 과일: 살구, 체리, 복숭아, 천도복숭아

베이직 잼 레시피Basic Jam Recipe

과일 1000g

설탕 750g

커다란 레몬 1개 혹은 작은 레몬 2개분 주스

병들과 뚜껑을 세제를 푼 뜨거운 물에서 금속 재질의 수세미로 닦아낸 다음 아주 뜨거운 물로 꼼꼼하게 헹궈낸다. 만들어지는 잼의 양은 어떤 과일을 쓰고 설탕을 얼마나 많이 넣느냐에 따라 달라진다. 일반적으로 과일이 1.6kg이라면 227g짜리 통으로 10개가 나올 것이다. 살균하려는 병들을 커다란 냄비에 똑바로 놓아두고 뜨거운 물을 부어 담근 다음 15분 동안 끓인다. 또한 나무 주걱, 국자, 집게, 캔에 사용하는 깔때기 등 필요한 조리도구들을 뜨거운 물에서 헹궈낸다. 끓는 물에서 병, 뚜껑, 고무 밴드들을 꺼내서 깨끗한 작업대 위에 잘 정리해놓는다.

과일을 씻으면서 줄기나 잎사귀들을 제거한다. 과일을 약 1.3~2.5cm 조각으로 자른다. 과일과 설탕, 레몬주스를 냄비 가장자리의 약 7.6cm 밑에 오도록 확인하면서 냄비에 넣는다. 만약 살구처럼 좀더 건조한 과일을 이용한다면, 냄비에 과일 500g을 넣을 때마다 물 반 컵을 붓는 것으로 시작한다. 중간 불에서 조리하면서, 즙이 나오고 설탕이 녹기 시작할 때까지 계속 저어준다.

센 불로 올린 다음 과일을 저어가며 계속 졸이는데, 냄비 바닥에 들러붙지 않도록 하기 위해서이다. 과일 위에 거품이 형성될 즈음 국자나 나무 주걱으로 거품을 걷어낸다. 거품은 처음에 격렬하게 보글보글 끓다가, 약간 더 천천히 끓게 될 것이다. 잼에 꽂아둔 온도계의 눈금이 섭씨 104~106도에 다다랐을 때 불을 끄고, 온도가 몇 도 떨어질 때까지 몇 분간 기다린다. 만약 잼을 바로 유리병에 넣게 되면 과일이 시럽 위에 떠오르게 된다. 어떤 잼을 만들든 해수면에서 약 305m 높아질 때마다 2도를 차감해 생각한다.

깔때기와 국자를 이용해서 유리 병 테두리의 0.3cm 이내까지 채운다. 깨끗한 타월로 흘린 자국을 닦아낸다. 뚜껑을 덮고 밴드로 밀봉한다.

끓는 물이 있는 그릇에 잼이 담긴 병들을 넣는 작업을 할 때는, 커다란 냄비에 바닥으로부터 1.9~2.5cm 정도 떨어진 위치에 맞춰 랙을 놓아야 한다. 냄비를 물로 채우고 끓인다. 유리병을 들어올리는 집게를 사용해서 병들을 뜨거운 물에 2.5cm 정도 간격으로 떨어지게 해서 넣고, 병 위로 물이 5cm는 잠기도록 한다.

고도에 맞춰 시간을 조정한다. 305~914m의 고도에 있다면 5분을 늘리고, 914~1829m라면 10분을

늘리며, 1829~2438m의 고도면 15분을 늘리는 식이다.

　유리병을 끓는 물 냄비에서 꺼내어 한쪽에 놓는다. 유리병들이 식는 동안 내부는 수축되기 때문에 뚜껑들에서 톡 올라오는 소리가 들릴 것이다. 이는 여러분이 진공 밀봉을 잘 했다는 뜻이다. 만약 적절한 과정을 거치지 않았거나 유리병 밀봉이 잘 되지 않았다면, 냉장고에 6주 정도까지 저장한다. 적절하게 진공 밀봉된 유리병의 잼들은 선선하고 어두운 곳에 둘 경우 최소 1년은 두고 먹을 수 있다. 처음 뚜껑을 열기 전에 진공 밀봉이 온전하게 되었는지 확인해보자.

감사의 글

이토록 좋은 일에 무한한 영감을 안겨준 동료들, 내 아내이자 파트너인 엘리자베스, 키친 매니저이자 나의 오른팔인 멜리사, 브레드 파트의 리더인 네이단, 여러 외국어를 구사하는 베이커 로리, 더불어 우리의 카페 매니저 수잔, 시에라, 탈리아, 그리고 나와 함께 일하고 있는 모든 사람들에게 감사한다. 우리 타르틴 식구들로부터 얻은 지지와 격려는 말로 다 표현할 길이 없다. 여러분 모두에게 나의 가장 뜨거운 마음을 담아 고맙다는 말을 하고 싶고, 언제나 내 편이 되어준 어머니와 아버지께도 감사의 마음을 전한다.

우리의 장소와 마음 상태를 아름다운 일러스트로 완성해준 데이빗 윌슨(David Wilson)에게 감사한다.

이 프로젝트를 실현시키기 위한 나의 노력이 올바른 방향으로 갈 수 있도록 지켜준 캐서린 콜스(Katherine Cowles)에게 진심 어린 고마움을 전한다. 포스트카드 커뮤니케이션스(Postcard Communications)의 올가 캣츠넬슨(Olga Katsnelson)과 케이트 골드스타인브레이어(Kate Goldstein-Breyer)에게도 감사한다.

크로니클 북스(Chronicle Books)의 편집부에 있는 피터 페레즈(Peter Perez)와 데이빗 호크(David Hawk), 빌 르블론드(Bill LeBlond), 새라 빌링슬리(Sarah Billingsley)와 주디스 던햄(Judith Dunham)에게 고맙다.

마지막으로, 이 책을 완성하기 위해 처음부터 끝까지 나와 함께했으며 특별한 시간을 아주 훌륭한 기록으로 남겨준 에릭에게 감사의 마음을 전한다.

– 채드 로버트슨

나를 작업대에 불러오고 이 프로젝트에 초청해준 채드에게 내가 얼마나 고마워하고 있는지를 꼭 말하고 싶다.

나의 꿈을 추구하도록 귀감이 되어준 사람들, 애정을 가져준 사람들, 그리고 멋진 조언과 변함없는 지지와 격려로 이 프로젝트가 가능하게 도와준 모든 이들에게 이 모든 공을 바친다. 재즈(Jaz), 마르코(Marko), 어머니 그리고 아버지께도 감사한다.

– 에릭 울핑거

Index

타르틴 브레드

1판 1쇄 발행 | 2015년 4월 30일
1판 6쇄 발행 | 2024년 5월 30일

글 채드 로버트슨
사진 에릭 울핑거
옮긴이 오승해
감수 장은철
펴낸이 김기옥

실용본부장 박재성
객원편집 송혜진
편집 실용2팀 이나리, 장윤선
마케터 이지수
지원 고광현, 김형식

인쇄 민언프린텍
제본 우성제본

펴낸곳 한스미디어(한즈미디어(주))
주소 121-839 서울시 마포구 서교동 양화로 11길 13(서교동, 강원빌딩 5층)
전화 02-707-0337 | **팩스** 02-707-0198 | **홈페이지** www.hansmedia.com
출판신고번호 제 313-2003-227호 | **신고일자** 2003년 6월 25일

ISBN 978-89-5975-792-3 13590

책값은 뒤표지에 있습니다.
잘못 만들어진 책은 구입하신 서점에서 교환해 드립니다.